いちばん強《つよ》い

魔獣《まじゅう》VS聖獣
幻《げん》獣《じゅう》王《おう》
超《ちょう》バトル図《ず》鑑《かん》

永岡書店

はじめに

神々《かみがみ》のたわむれか!?
それとも、悪魔《あくま》のたくらみか!?

神々《かみがみ》のいる天上界《てんじょうかい》の円卓《えんたく》で、
ふと神《かみ》の誰《だれ》かがこんなことを言《い》った。
「この世界《せかい》で最《もっと》も強《つよ》い幻獣《げんじゅう》はなにか？」
神々《かみがみ》はその言葉《ことば》に、おおいに好奇心《こうきしん》をくすぐられた。
古今東西《ここんとうざい》あらゆる幻獣《げんじゅう》の名《な》があげられたが、
神々《かみがみ》の意見《いけん》が1つに統一《とういつ》されることはなかった。
すると、業《ごう》を煮《に》やしたある武神《ぶしん》がこう言《い》った。
「幻獣《げんじゅう》たちを実際《じっさい》に戦《たたか》わせてはどうか？
どうせなら聖獣《せいじゅう》と魔獣《まじゅう》を交《まじ》えて、
本当《ほんとう》の最強《さいきょう》を決《き》めよう！」と。
地獄《じごく》の奥底《おくそこ》で、そんな提案《ていあん》を投《な》げかけられた悪魔《あくま》たちは、
ニヤリとほくそえんで、口々《くちぐち》に言《い》った。
「おもしろい」「その提案《ていあん》、受《う》けてたとう」
「あいつらに、吠《ほ》えずらをかかせてやる！」

神々《かみがみ》の誘《さそ》いに応《おう》じた悪魔《あくま》たちは、
最凶《さいきょう》の魔獣《まじゅう》たちを選抜《せんばつ》して、
戦《たたか》いの舞台《ぶたい》へと送《おく》り出《だ》した。
「聖獣《せいじゅう》たちを駆逐《くちく》せよ！」という密命《みつめい》と共《とも》に…。
悪魔《あくま》たちは、この機会《きかい》に乗《じょう》じて、
神々《かみがみ》が目《め》をかける聖獣《せいじゅう》たちを、
根絶《ねだ》やしにしようとひそかに目論《もくろ》んでいたのだ。
こうして、聖獣軍団《せいじゅうぐんだん》VS 魔獣軍団《まじゅうぐんだん》で、
その頂点《ちょうてん》を決《き》める、夢《ゆめ》のトーナメントバトルが
開催《かいさい》されることになった。
神《かみ》も、悪魔《あくま》も、その結末《けつまつ》を予想《よそう》できない、
本気《ほんき》の戦《たたか》いが、今《いま》はじまる。

魔獣《まじゅう》VS聖獣《せいじゅう》〈幻獣王《げんじゅうおう》〉超《ちょう》バトル図鑑《ずかん》

いちばん強《つよ》いヤツはだれだ!?

対戦表《たいせんひょう》

聖 アメミット
1 P8
魔 九尾《きゅうび》の狐《きつね》
17 P62
聖 ユニコーン
2 P11
魔 マーリド
25 P88
魔 八岐大蛇《やまたのおろち》 レジェンド

準々決勝《じゅんじゅんけっしょう》 33 P124

聖 アルゴス
3 P14
魔 ケルベロス
18 P65
聖 ブラーク
4 P17
魔 グリフォン
26 P92
魔 レヴィアタン レジェンド

決勝《けっしょう》 39 P150

準決勝《じゅんけっしょう》 37 P140

聖 サンダーバード
5 P20
魔 チェルフェ
19 P68
聖 フェニックス
6 P23
魔 グール
27 P96
聖 獬豸《かいち》 レジェンド

準々決勝《じゅんじゅんけっしょう》 34 P127

聖 白虎《びゃっこ》
7 P26
魔 檮杌《とうこつ》
20 P71
聖 ジャンバヴァン
8 P29
魔 クヴァラヤーピーダ
28 P100
聖 ナラシンハ レジェンド

聖獣軍《せいじゅうぐん》のエンブレム

CONTENTS

COLUMN

神《かみ》と悪魔《あくま》が選《えら》びぬいた最強《さいきょう》の聖獣《せいじゅう》と魔獣《まじゅう》たちが集《あつ》まった。特《とく》に、シードに配置《はいち》された幻獣《げんじゅう》は、レジェンド級《きゅう》の強《つよ》さをほこっている。最後《さいご》まで勝《か》ち上《あ》がる、最強《さいきょう》の幻獣《げんじゅう》はだれだ？

聖 聖獣軍《せいじゅうぐん》

魔 魔獣軍《まじゅうぐん》

レジェンド レジェンド生物《せいぶつ》

- 9 P34
  - 聖 デュラハン
  - 魔 蚩尤《しゆう》
- 10 P37
  - 聖 ボイタタ
  - 魔 海翁《かいおう》
- 21 P74
- 29 P104
  - 魔 ヒュドラ レジェンド
- 11 P40
  - 聖 フンババ
  - 魔 レーシー
- 12 P43
  - 聖 ゲリとフレキ
  - 魔 フェンリル
- 22 P77
- 30 P108
  - 聖 ケツァルコアトル レジェンド
- 35 P130 準々決勝《じゅんじゅんけっしょう》
- 13 P46
  - 聖 バロン
  - 魔 アンズー
- 14 P49
  - 聖 シームルグ
  - 魔 牛鬼《うしおに》
- 23 P80
- 31 P112
  - 魔 クラーケン レジェンド
- 15 P52
  - 聖 開明獣《かいめいじゅう》
  - 魔 マンティコア
- 16 P55
  - 聖 パズズ
  - 魔 イタカ
- 24 P83
- 32 P116
  - 聖 ハヌマーン レジェンド
- 36 P133 準々決勝《じゅんじゅんけっしょう》
- 38 P143 準決勝《じゅんけっしょう》

魔獣軍《まじゅうぐん》のエンブレム

エキシビジョン

ルール解説《かいせつ》

2つのチームで戦《たたか》うトーナメント戦《せん》

神聖《しんせい》な力《ちから》を宿《やど》し、世界《せかい》を守護《しゅご》する「聖獣軍《せいじゅうぐん》」と、魔《ま》の力《ちから》を宿《やど》し、世界《せかい》に災《わざわ》いをもたらす「魔獣軍《まじゅうぐん》」とが戦《たたか》うトーナメント戦《せん》。特《とく》に強《つよ》いとされる聖獣《せいじゅう》と魔獣《まじゅう》はシード枠《わく》に置《お》くことができる。勝《か》ち進《すす》むと、同《おな》じ軍同士《ぐんどうし》で戦《たたか》う場合《ばあい》もある。

幻獣《げんじゅう》とは 各地《かくち》の神話《しんわ》・伝説《でんせつ》などに登場《とうじょう》し、人《ひと》の世《よ》で語《かた》り継《つ》がれながらも未《いま》だに存在《そんざい》が確認《かくにん》できていない、神秘《しんぴ》の生《い》き物《もの》。その種類《しゅるい》は多《おお》く、UMA《ユーマ》などの未確認生物《みかくにんせいぶつ》も含《ふく》まれる。神《かみ》の中《なか》には、獣《けもの》の姿《すがた》に変化《へんげ》して、今回《こんかい》のバトルに参加《さんか》する者《もの》もいる。

チャンピオンチーム

聖獣軍《せいじゅうぐん》

聖《せい》なる心《こころ》を宿《やど》し、神《かみ》や英雄《えいゆう》に仕《つか》える獣《けもの》の集《あつ》まった軍団《ぐんだん》。幾度《いくど》となく世界《せかい》の危機《きき》を救《すく》っており、そのはたらきは神話《しんわ》や伝説《でんせつ》で多《おお》くたたえられている。今回《こんかい》のバトルには、聖《せい》獣《じゅう》の中《なか》でも強力《きょうりょく》な力《ちから》をもった獣《けもの》たちが招集《しょうしゅう》された。ふだんは温厚《おんこう》な性格《せいかく》のものも、魔獣《まじゅう》をこらしめるためならと、やる気《き》に満《み》ちている。

挑戦者《ちょうせんしゃ》チーム

魔獣軍《まじゅうぐん》

人間《にんげん》に災《わざわ》いをもたらし、世界《せかい》をこんとんにおとしいれる魔獣《まじゅう》たちの集《あつ》まった軍団《ぐんだん》。神《かみ》と対立《たいりつ》するもの、呪《のろ》いや毒《どく》などの特《とく》しゅ能力《のうりょく》を使《つか》って人《ひと》を苦《くる》しめるもの、いずれも凶暴《きょうぼう》で邪悪《じゃあく》な獣《けもの》が勢《せい》ぞろいしている。今回《こんかい》のバトルに勝利《しょうり》し、おのれの武勇《ぶゆう》を神々《かみがみ》にしらしめようとたくらんでいる。

1対《たい》1のなんでもありバトル

- トーナメントで対戦《たいせん》する幻獣《げんじゅう》は、1対《たい》1のバトルを行《おこな》う。ただし、幻獣《げんじゅう》の能力《のうりょく》に大《おお》きく影響《えいきょう》する場合《ばあい》、部下《ぶか》や使役獣《しえきじゅう》の加勢《かせい》も許可《きょか》される。相手《あいて》を逃走《とうそう》させたり、戦闘不能《せんとうふのう》にした時点《じてん》で勝利《しょうり》となる。
- 戦《たたか》うフィールドは、神々《かみがみ》がサイコロをふり、ランダムに決定《けってい》される。幻獣《げんじゅう》たちの能力《のうりょく》によって、バトル開《かい》始後《しご》の天候《てんこう》の操作《そうさ》や移動《いどう》は許可《きょか》される。
- 戦《たたか》いで負《お》った傷《きず》は、次《つぎ》のバトルまでに全《すべ》て治《ち》ゆされるものとする。

優勝《ゆうしょう》した幻獣《げんじゅう》がいる軍団《ぐんだん》の勝利《しょうり》

トーナメントを最後《さいご》まで勝《か》ち進《すす》んだ幻獣《げんじゅう》は「幻獣最強王《げんじゅうさいきょうおう》」の称号《しょうごう》を得《え》て、その幻獣《げんじゅう》が所属《しょぞく》する軍団《ぐんだん》が勝《しょう》利《り》となる。優勝《ゆうしょう》したチームには豪華《ごうか》な宝《たから》が与《あた》えられる。

フィールドについて

強大《きょうだい》な力《ちから》をもつ幻獣同士《げんじゅうどうし》のバトルは地球《ちきゅう》を破壊《はかい》してしまう恐《おそ》れがあるため、神々《かみがみ》は人《ひと》の想像力《そうぞうりょく》を源《みなもと》にする空想異世界《くうそういせかい》「ドリームランド」にバトル専用《せんよう》のフィールドを創造《そうぞう》した。文明発達前《ぶんめいはったつまえ》の地球《ちきゅう》の大自然《だいしぜん》が再現《さいげん》された広大《こうだい》な空間《くうかん》で、人間《にんげん》や自然《しぜん》を愛《あい》する温厚《おんこう》な幻獣《げんじゅう》であっても、被害《ひがい》を気《き》にすることなく、めいっぱい戦《たたか》うことができる。

エキシビジョンとは？

メインのトーナメント戦《せん》には参《さん》加《か》ができなかった、特別《とくべつ》な幻《げん》獣《じゅう》による3試合《しあい》を掲載《けいさい》。最凶《さいきょう》と名高《なだか》い邪神《じゃしん》クトゥルーを始《はじ》め、個性豊《こせいゆた》かな顔《かお》ぶれが参戦《さんせん》する。

Battle《バトル》

1 → 16

1回戦《かいせん》

幻獣《げんじゅう》データの見方《みかた》

●幻獣《げんじゅう》の推定身長《すいていしんちょう》は、それぞれの生物《せいぶつ》の最《さい》大値《だいち》です。

●幻獣《げんじゅう》の大《おお》きさは、10歳《さい》の男《おとこ》の子《こ》の平均《へいきん》身長《しんちょう》（1.4m《メートル》）と比《くら》べています。

Battle 01
第1回戦

死刑執行人《しけいしっこうにん》vs.国《くに》をほろぼす重罪人《じゅうざいにん》

冥界《めいかい》の断罪者《だんざいしゃ》
アメミット

DATA
推定身長《すいていしんちょう》 3~7 m《メートル》
伝承地域《でんしょうちいき》 エジプト
スキル 罪《つみ》を裁《さば》く目《め》
分類《ぶんるい》 神獣《しんじゅう》

魅惑《みわく》の妖狐《ようこ》
九尾《きゅうび》の狐《きつね》

DATA
推定身長《すいていしんちょう》 3 m《メートル》
伝承地域《でんしょうちいき》 中国《ちゅうごく》、日本《にほん》
スキル 変化能力《へんげのうりょく》
分類《ぶんるい》 妖怪《ようかい》

聖獣軍《せいじゅうぐん》

冥界《めいかい》の法廷《ほうてい》で有罪判決《ゆうざいはんけつ》を受《う》けた死者《ししゃ》を引《ひ》きさき、心臓《しんぞう》をひと飲《の》みにする古代《こだい》エジプトの幻獣《げんじゅう》。頭《あたま》がワニ、上半身《じょうはんしん》がライオン、下半身《かはんしん》がカバと、3種《しゅ》の動物《どうぶつ》たちが合体《がったい》した姿《すがた》をしており、水陸《すいりく》いずれの戦闘《せんとう》も得意《とくい》だ。

戦力分析《せんりょくぶんせき》

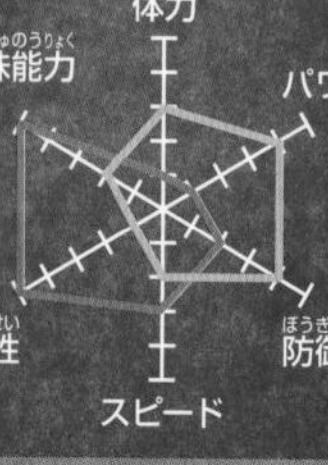

魔獣軍《まじゅうぐん》

中国《ちゅうごく》に伝《つた》わる妖狐《ようこ》。キツネが数千年生《すうせんねんい》きることで霊力《れいりょく》が高《たか》まり、九尾《きゅうび》の狐《きつね》になると言《い》われる。長寿《ちょうじゅ》ゆえに博識《はくしき》であり、幻術《げんじゅつ》を得意《とくい》とする。人《ひと》を化《ば》かすことが大好《だいす》きで、美女《びじょ》に化《ば》けて権力者《けんりょくしゃ》に取《と》り入《い》り、国同士《くにどうし》の争《あらそ》いを引《ひ》き起《お》こす。

シーン1 アメミット、相手《あいて》の本性《ほんしょう》を見《み》ぬいて攻撃《こうげき》

無害《むがい》なキツネのふりをして様子《ようす》を見《み》ている九尾《きゅうび》の狐《きつね》。しかし、アメミットは一目《ひとめ》で重罪人《じゅうざいにん》と見《み》ぬいて飛《と》びかかり、九尾《きゅうび》の狐《きつね》の胸《むね》を引《ひ》きさこうとする。

特《とく》しゅスキル

罪《つみ》を裁《さば》く目《め》

死者《ししゃ》の裁判《さいばん》に立《た》ち会《あ》うため、敵《てき》の罪《つみ》を見《み》ぬける。

メインフィールド

草原《そうげん》

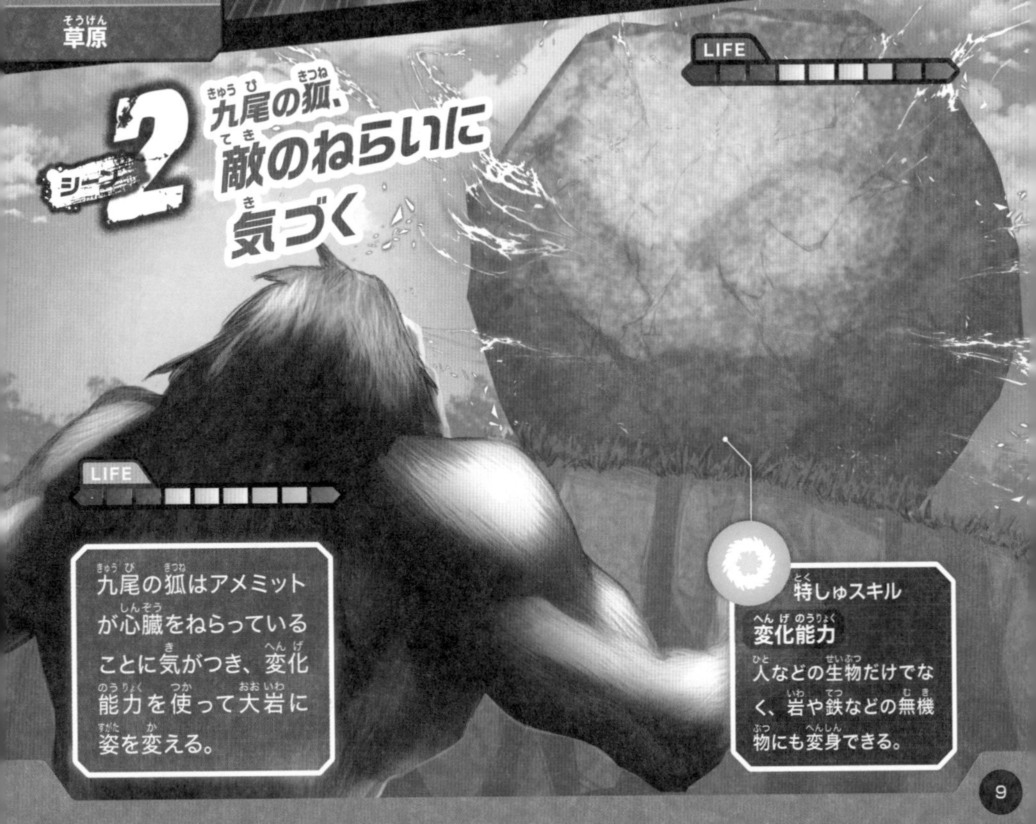

シーン2 九尾《きゅうび》の狐《きつね》、敵《てき》のねらいに気《き》づく

九尾《きゅうび》の狐《きつね》はアメミットが心臓《しんぞう》をねらっていることに気《き》がつき、変化《へんげ》能力《のうりょく》を使《つか》って大岩《おおいわ》に姿《すがた》を変《か》える。

特《とく》しゅスキル

変化能力《へんげのうりょく》

人《ひと》などの生物《せいぶつ》だけでなく、岩《いわ》や鉄《てつ》などの無機《むき》物《ぶつ》にも変身《へんしん》できる。

シーン3 九尾《きゅうび》の狐《きつね》、きょういの変身能力《へんしんのうりょく》！

霊力《れいりょく》の高《たか》い狐《きつね》が変化《へんげ》した大岩《おおいわ》に、アメミットは弱点《じゃくてん》を見《み》いだすことができない。そして頭上《ずじょう》に落下《らっか》してきた大《おお》岩《いわ》の下《した》じきになってしまった。

勝者《しょうしゃ》 魔獣軍《まじゅうぐん》 九尾《きゅうび》の狐《きつね》

バトル結果《けっか》

アメミットは速攻《そっこう》で勝負《しょうぶ》を決《き》めにかかったが、九《きゅう》尾《び》の狐《きつね》は相手《あいて》の思《おも》わくを見《み》ぬき、変化能力《へんげのうりょく》で大岩《おおいわ》に変身《へんしん》。防《ぼう》ぎょ力《りょく》を上《あ》げつつ巨体《きょたい》のおしつぶしで反撃《はんげき》しアメミットを仕留《しと》めた。

勇《いさ》ましき幻想獣《げんそうじゅう》 VS.巨大《きょだい》な幻術士《げんじゅつし》

残忍《ざんにん》で美《うつく》しい一角獣《いっかくじゅう》

ユニコーン

けむりでまどわす幻影《げんえい》の魔人《まじん》

マーリド

DATA

推定身長《すいていしんちょう》 2m《メートル》
伝承地域《でんしょうちいき》 ヨーロッパ
スキル 聖《せい》なるツノ
分類《ぶんるい》 神獣《しんじゅう》

DATA

推定身長《すいていしんちょう》 6m《メートル》
伝承地域《でんしょうちいき》 サウジアラビア
スキル けむりの体《からだ》、血《ち》の黒剣《こっけん》
分類《ぶんるい》 魔人《まじん》

聖獣軍《せいじゅうぐん》

ウシほどの大《おお》きさの白馬《はくば》で、ひたいには、聖《せい》なる力《ちから》を宿《やど》す長《なが》くとがったツノを持《も》つ。美《うつく》しくもどう猛《もう》で、かみつきや足《あし》げりを得意《とくい》とし、するどいツノでゾウさえもつらぬく。勇猛果《ゆうもうか》かんで力《ちから》つきるまで戦《たたか》うため、狩人《かりゅうど》のいかなる術《じゅつ》でも、生《い》けどりにはできない。

戦力分析《せんりょくぶんせき》

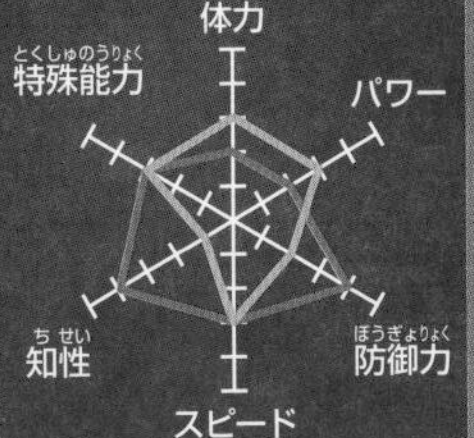

魔獣軍《まじゅうぐん》

けむりのない炎《ほのお》から生《う》まれた魔人《まじん》で、特《とく》に凶暴《きょうぼう》とされる種族《しゅぞく》。怪力《かいりき》で、真《ま》っ黒《くろ》な血《ち》でできた大剣《たいけん》をふり回《まわ》す。筋力《きんりょく》だけでなく、知力《ちりょく》、魔力《まりょく》のどれもバランスよく高《たか》い。体《からだ》のどこかにある弱点《じゃくてん》をかくしきることができるかが勝負《しょうぶ》のカギとなる。

メインフィールド

湖《みずうみ》

シーン1 マーリドの邪視《じゃし》をユニコーンのツノが無効化《むこうか》

特《とく》しゅスキル

聖《せい》なるツノ

ツノには浄化作用《じょうかさよう》があるため、呪《のろ》いのこもった邪視《じゃし》もはらいのける。

マーリドはにらみをきかせて、せまりくるユニコーンを呪《のろ》おうとする。しかし、ユニコーンのツノは呪《のろ》いを浄化《じょうか》しながら、マーリドをつき刺《さ》す。

シーン2 ユニコーン、興奮状態《こうふんじょうたい》で追跡《ついせき》

ケガを負《お》ったマーリドは、体《からだ》をけむりに変《か》えて湖《みずうみ》に身《み》をひそませる。ユニコーンは興《こう》奮《ふん》したままマーリドの姿《すがた》を探《さが》し、湖《いずうみ》をかけ回《まわ》る。

特《とく》しゅスキル

けむりの体《からだ》

体《からだ》をけむりに変《か》えて攻撃《こうげき》から逃《のが》れることができる。

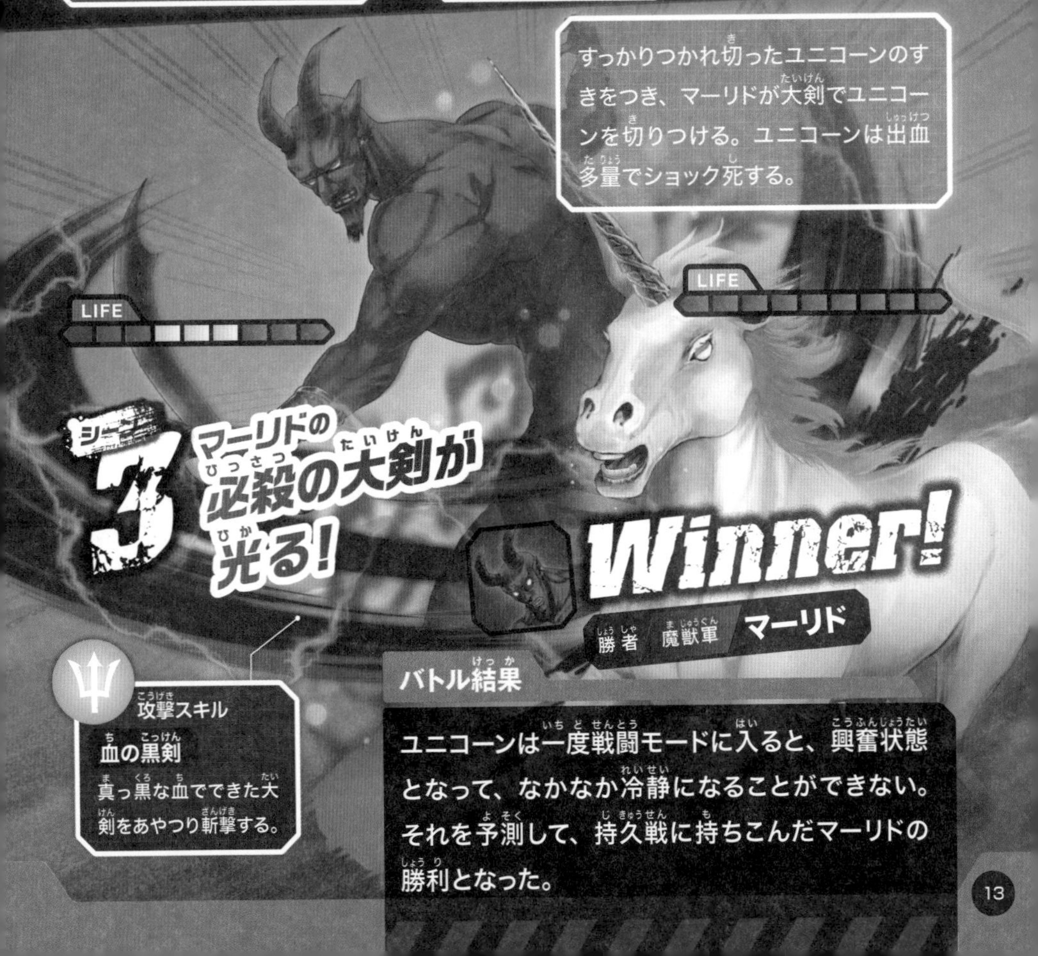

すっかりつかれ切《き》ったユニコーンのすきをつき、マーリドが大剣《たいけん》でユニコーンを切《き》りつける。ユニコーンは出血《しゅっけつ》多量《たりょう》でショック死《し》する。

シーン3 マーリドの必殺《ひっさつ》の大剣《たいけん》が光《ひか》る!

攻撃《こうげき》スキル

血《ち》の黒剣《こっけん》

真《ま》っ黒《くろ》な血《ち》でできた大《たい》剣《けん》をあやつり斬撃《ざんげき》する。

Winner!

勝《しょう》者《しゃ》 魔獣軍《まじゅうぐん》 マーリド

バトル結果《けっか》

ユニコーンは一度《いちど》戦闘《せんとう》モードに入《はい》ると、興奮状態《こうふんじょうたい》となって、なかなか冷静《れいせい》になることができない。それを予測《よそく》して、持久戦《じきゅうせん》に持《も》ちこんだマーリドの勝利《しょうり》となった。

100の目《め》を持《も》つ監視者《かんししゃ》vs.3つの首《くび》を持《も》つ獣《けもの》

地獄《じごく》の番犬《ばんけん》
ケルベロス

死角《しかく》なき不眠《ふみん》の巨人《きょじん》
アルゴス

DATA

推定身長《すいていしんちょう》 80 m《メートル》
伝承地域《でんしょうちいき》 ギリシャ
スキル 100の目《め》、好物《こうぶつ》のゆうわく
分類《ぶんるい》 巨人《きょじん》

DATA

推定身長《すいていしんちょう》 2〜4 m《メートル》
伝承地域《でんしょうちいき》 ギリシャ
スキル 3つの頭《あたま》
分類《ぶんるい》 魔族《まぞく》

聖獣軍《せいじゅうぐん》

ギリシャ神話《しんわ》に登場《とうじょう》する、女神《めがみ》ヘラの言《い》いつけで、夫《おっと》ゼウスの浮気《うわき》の監視《かんし》した巨人《きょじん》。山《やま》のような巨体《きょたい》から、侵入者《しんにゅうしゃ》へ強《きょう》れつな打撃《だげき》をくり出《だ》す。100の目《め》を持《も》ち、2つずつ交《こう》たいで眠《ねむ》り、残《のこ》りは休《やす》むことなく四方八《しほうはっ》方《ぽう》を見《み》わたすため、死角《しかく》がない。

戦力分析《せんりょくぶんせき》

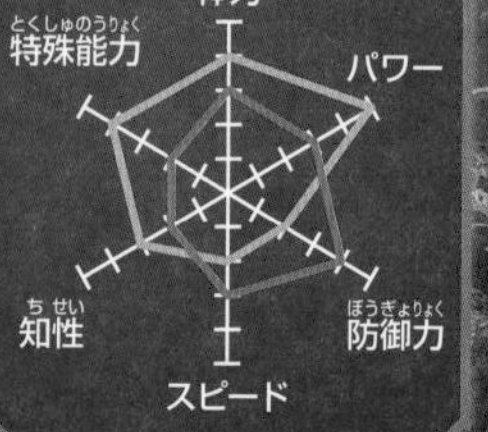

魔獣軍《まじゅうぐん》

冥《めい》府《ふ》の入《い》り口《ぐち》をまもる巨大《きょだい》な番犬《ばんけん》。3つの頭《あたま》とヘビの尾《お》を持《も》つ、恐《おそ》ろしい姿《すがた》をした獣《けもの》だ。性格《せいかく》は凶暴《きょうぼう》で、どん欲《よく》。冥府《めいふ》から逃《に》げ出《だ》そうとする死者《ししゃ》を食《く》らう。素早《すばや》いうえに、するどいキバによる3方向《ほうこう》への攻撃《こうげき》と、ヘビの尻《しっ》尾《ぽ》の連《れん》けい攻撃《こうげき》は強力《きょうりょく》だ。

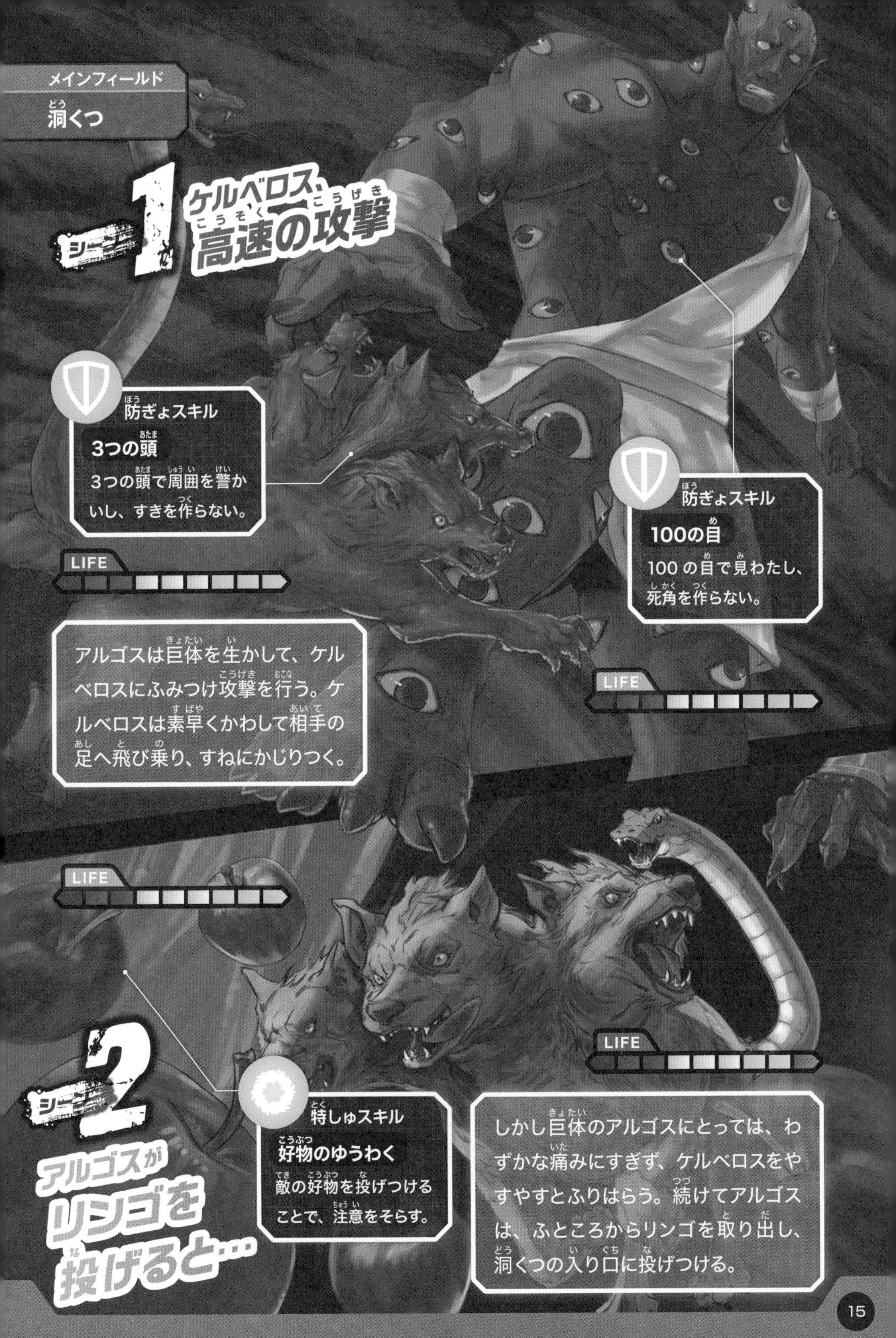

メインフィールド
洞《どう》くつ

シーン1 ケルベロス、高速《こうそく》の攻撃《こうげき》

防《ぼう》ぎょスキル
3つの頭《あたま》
3つの頭《あたま》で周囲《しゅうい》を警《けい》かいし、すきを作《つく》らない。

防《ぼう》ぎょスキル
100の目《め》
100 の目《め》で見《み》わたし、死角《しかく》を作《つく》らない。

アルゴスは巨体《きょたい》を生《い》かして、ケルベロスにふみつけ攻撃《こうげき》を行《おこな》う。ケルベロスは素早《すばや》くかわして相手《あいて》の足《あし》へ飛《と》び乗《の》り、すねにかじりつく。

シーン2 アルゴスがリンゴを投《な》げると…

特《とく》しゅスキル
好物《こうぶつ》のゆうわく
敵《てき》の好物《こうぶつ》を投《な》げつけることで、注意《ちゅうい》をそらす。

しかし巨体《きょたい》のアルゴスにとっては、わずかな痛《いた》みにすぎず、ケルベロスをやすやすとふりはらう。続《つづ》けてアルゴスは、ふところからリンゴを取《と》り出《だ》し、洞《どう》くつの入《い》り口《ぐち》に投《な》げつける。

好物《こうぶつ》のリンゴを追《お》って洞《どう》くつの入《い》り口《ぐち》まで飛《と》び出《だ》したケルベロスは、日《ひ》の光《ひかり》を浴《あ》び、驚《おどろ》いて硬直《こうちょく》してしまう。そのすきに、アルゴスはケルベロスをつかみ上《あ》げ、洞《どう》くつのかべにたたきつけた。

シーン3 ケルベロス、敵《てき》のさそいにのる

Winner!

勝者《しょうしゃ》 聖獣軍《せいじゅうぐん》 アルゴス

バトル結果《けっか》

両者《りょうしゃ》ともに死角《しかく》がなく、一進一退《いっしんいったい》の攻防《こうぼう》の末《すえ》、リンゴでケルベロスのゆう導《どう》に成功《せいこう》したアルゴスが勝利《しょうり》。ケルベロスの欠点《けってん》を知《し》っていたのは、主人《しゅじん》である女神《めがみ》ヘラの入《い》れ知恵《ちえ》かもしれない…。

幻獣界《げんじゅうかい》最速《さいそく》のスピードスター vs. 最強《さいきょう》合体《がったい》生物《せいぶつ》

DATA
推定身長《すいていしんちょう》 2m《メートル》
伝承地域《でんしょうちいき》 サウジアラビア
スキル 高速《こうそく》キック、高速移動《こうそくいどう》
分類《ぶんるい》 神獣《しんじゅう》

金《かね》に目《め》のない怪力鳥《かいりきちょう》
グリフォン

DATA
推定身長《すいていしんちょう》 8〜10m《メートル》
伝承地域《でんしょうちいき》 ヨーロッパ、西《にし》アジア
スキル 合体生物《がったいせいぶつ》
分類《ぶんるい》 合成獣《ごうせいじゅう》

天《あま》かける最速馬《さいそくば》
ブラーク

聖獣軍《せいじゅうぐん》

予《よ》言者《げんしゃ》ムハンマドを天国《てんごく》に運《はこ》んだとされる美《うつく》しい天《てん》馬《ま》。水《みず》が入《はい》った容器《ようき》がたおれかけたとき、その間《あいだ》に世界《せかい》をかけめぐり、水《みず》がこぼれる前《まえ》にもどったという逸話《いつわ》が残《のこ》る。優《すぐ》れた脚力《きゃくりょく》によって、けたはずれの高速《こうそく》移動《いどう》をおこない、相手《あいて》をほんろうする。

戦力分析《せんりょくぶんせき》

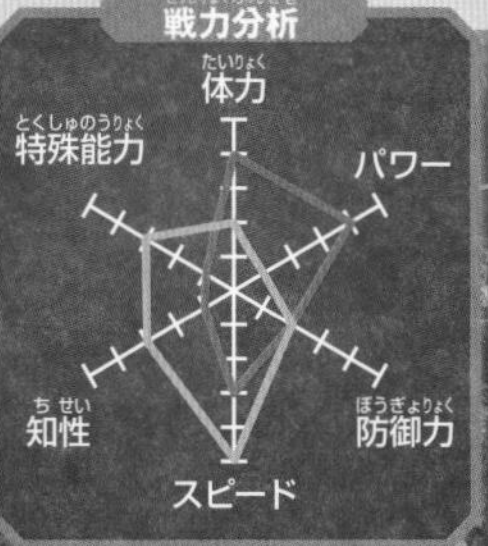

魔獣軍《まじゅうぐん》

ワシの上半身《じょうはんしん》と、ライオンの下半身《かはんしん》を合体《がったい》させた怪《かい》物《ぶつ》。視力《しりょく》が高《たか》く、金銀財宝《きんぎんざいほう》を発《はっ》見《けん》して守《まも》る。ウマやウシを一度《いちど》に数頭運《すうとうはこ》べる怪力《かいりき》で、自分《じぶん》よりも大《おお》きい体《からだ》の相手《あいて》であってもかぎ爪《づめ》で引《ひ》きたおせる。空中戦《くうちゅうせん》と近接戦《せっきんせん》のどちらにも柔軟《じゅうなん》に対応《たいおう》する。

シーン1
ブラーク、超加速《ちょうかそく》で技《わざ》をくり出《だ》す
LIFE
LIFE
防《ぼう》ぎょスキル
合体生物《がったいせいぶつ》
陸《りく》と空《そら》の最強生物《さいきょうせいぶつ》のかけ合《あ》わせで、耐久力《たいきゅうりょく》がとても高《たか》い。
足《あし》についた翼《つばさ》で加速《かそく》したブラークは、高速《こうそく》キックをくり出《だ》す。攻撃《こうげき》は見事《みごと》ヒットするが、致命傷《ちめいしょう》にはいたらない。
攻撃《こうげき》スキル
高速《こうそく》キック
翼《つばさ》のある足《あし》で、素早《すばや》くキックをくり出《だ》せる。
メインフィールド
天空《てんくう》
シーン2
財宝《ざいほう》をつかむグリフォン
LIFE
LIFE
グリフォンはかぎ爪《づめ》で、ブラークにつかみかかる。しかし、かぎ爪《づめ》でとらえたのは、宝石《ほうせき》のネックレスだった。ブラークは一《いっ》しゅんの間《あいだ》に移動《いどう》し、海底《かいてい》にしずんでいた財《ざい》宝《ほう》を見《み》つけてもどってきていたのだ。
特《とく》しゅスキル
高速移動《こうそくいどう》
フィールドを一《いっ》しゅんで移動《いどう》できるほど高速《こうそく》だ。

シーン3 ブラーク、トドメの一撃《いちげき》

Winner!

勝者《しょうしゃ》 聖獣軍《せいじゅうぐん》 ブラーク

ブラークが空《そら》に財宝《ざいほう》をまき散《ち》らすと、金銀財宝《きんぎんざいほう》に目《め》のないグリフォンは、それにつられて地面《じめん》へと降下《らっか》。ブラークが接近《せっきん》して、頭《あたま》をけり上《あ》げると、グリフォンは脳《のう》しんとうを起《お》こして気絶《きぜつ》した。

バトル結果《けっか》

体力自慢《たいりょくじまん》のグリフォンだったが、財宝《ざいほう》に目《め》がないために、すきをつかれてしまった。ブラークの知《ち》恵《え》の勝利《しょうり》といえる。

雷《かみなり》をあやつる鳥《とり》 VS.燃《も》えさかるマグマの怪物《かいぶつ》

邪悪《じゃあく》なる火山《かざん》の巨人《きょじん》

チェルフエ

DATA

推定身長《すいていしんちょう》 100 m《メートル》

伝承地域《でんしょうちいき》 アルゼンチン、チリ

スキル マグマの火球《かきゅう》

分類《ぶんるい》 怪物《かいぶつ》

空《そら》を羽《は》ばたく雷《いかづち》の精霊《せいれい》

サンダーバード

DATA

推定身長《すいていしんちょう》 40 m《メートル》

伝承地域《でんしょうちいき》 カナダ、アメリカ

スキル 雷雲《らいうん》からの爆落雷《ばくらくらい》

分類《ぶんるい》 精霊《せいれい》

聖獣軍《せいじゅうぐん》

アメリカのインディアン部族《ぶぞく》に伝《つた》わる雷《かみなり》の精霊《せいれい》。人《ひと》びとに自分《じぶん》が仕留《しと》めたクジラを与《あた》えて、空腹《くうふく》から救《すく》った伝説《でんせつ》が残《のこ》る。ふだんは雪原《せつげん》の洞《どう》くつにすむという。羽毛《うもう》に電気《でんき》をため、近寄《ちかよ》る敵《てき》を感電《かんでん》させる。雷雲《らいうん》をあやつり、いなずまで攻撃《こうげき》することもできる。

戦力分析《せんりょくぶんせき》

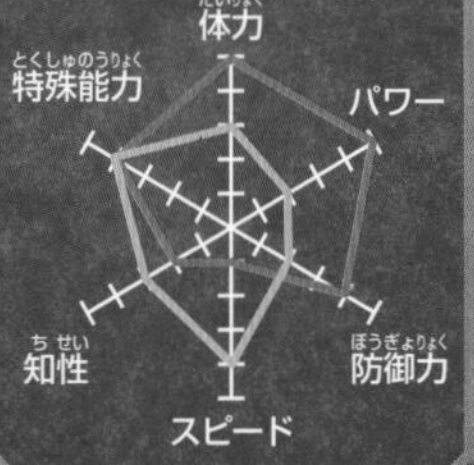

魔獣軍《まじゅうぐん》

南米《なんべい》に伝《つた》わる火山《かざん》の巨人《きょじん》。岩石《がんせき》とマグマでできた体《からだ》をゆすり、地震《じしん》や噴火《ふんか》を引《ひ》き起《お》こす。怒《おこ》りっぽい性格《せいかく》で、人《ひと》びとが生《い》けにえをささげるのをおこたれば、火球《かきゅう》やいなずまで村《むら》を焼《や》きつくした。マグマがエネルギー源《げん》のため、パワーがつきることはない。

シー 1
チェルフェは
警《けい》かい態勢《たいせい》に
LIFE
LIFE
サンダーバードがチェルフェのいる火山《かざん》へと近《ちか》づいていく。危険《きけん》を察知《さっち》したチェルフェは、マグマから火球《かきゅう》を練《ね》り上《あ》げ、サンダーバード目《め》がけて投《な》げつける。
攻撃《こうげき》スキル
マグマの火球《かきゅう》
マグマでできた火球《かきゅう》をごうわんで投《な》げる。
攻撃《こうげき》スキル
雷雲《らいうん》からの爆落雷《ばくらくらい》
大木《たいぼく》をたおすほどの破《は》かい力《りょく》を持《も》つ雷撃《らいげき》。
メインフィールド
火山《かざん》
LIFE
LIFE
シー 2
サンダーバードの
雷撃《らいげき》がさくれつ！
サンダーバードはなんとか火球《かきゅう》をよけ、呼《よ》び寄《よ》せておいた雷雲《らいうん》から、チェルフェに強《きょう》れつな雷撃《らいげき》を浴《あ》びせる。

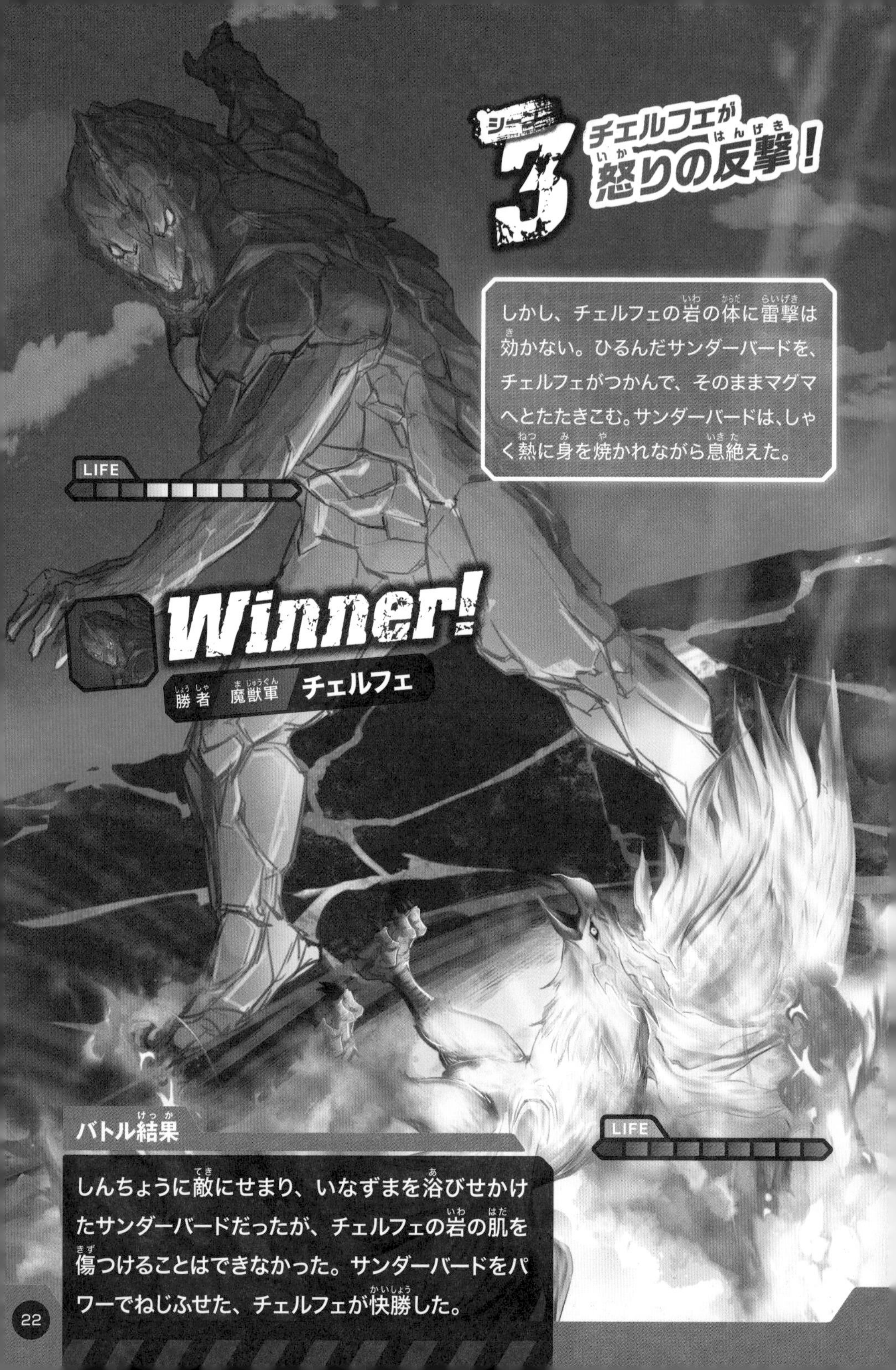

シーン3 チェルフェが怒《いか》りの反撃《はんげき》！

しかし、チェルフェの岩《いわ》の体《からだ》に雷撃《らいげき》は効《き》かない。ひるんだサンダーバードを、チェルフェがつかんで、そのままマグマへとたたきこむ。サンダーバードは、しゃく熱《ねつ》に身《み》を焼《や》かれながら息絶《いきた》えた。

Winner!

勝者《しょうしゃ》　魔獣軍《まじゅうぐん》　チェルフェ

バトル結果《けっか》

しんちょうに敵《てき》にせまり、いなずまを浴《あ》びせかけたサンダーバードだったが、チェルフェの岩《いわ》の肌《はだ》を傷《きず》つけることはできなかった。サンダーバードをパワーでねじふせた、チェルフェが快勝《かいしょう》した。

全《すべ》てを焼《や》きはらう炎《ほのお》の雨《あめ》 VS. 攻撃《こうげき》を吸収《きゅうしゅう》する不屈《ふくつ》の化物《ばけもの》

再生《さいせい》をくり返《かえ》す火《ひ》の鳥《とり》 フェニックス

DATA

推定身長《すいていしんちょう》 8m《メートル》
伝承地域《でんしょうちいき》 エジプト
スキル 黄金《おうごん》のひとみ、炎《ほのお》の雨《あめ》
分類《ぶんるい》 怪物《かいぶつ》

血《ち》にうえた砂漠《さばく》の獣《けもの》 グール

DATA

推定身長《すいていしんちょう》 2〜3m《メートル》
伝承地域《でんしょうちいき》 アラビア半島《はんとう》、西《にし》アジア
スキル 変身能力《へんしんのうりょく》、攻撃吸収《こうげききゅうしゅう》
分類《ぶんるい》 怪物《かいぶつ》

聖獣軍《せいじゅうぐん》

古《こ》代《だい》エジプト神話《しんわ》に登場《とうじょう》する、世界《せかい》に1羽《わ》しか存在《そんざい》しない不死《ふし》の鳥《とり》で、500年生《ねんい》きられるほど長命《ちょうめい》。炎《ほのお》への耐性《たいせい》を持《も》ち、死期《しき》が近《ちか》づくと炎《ほのお》に身《み》を投《とう》じ、若返《わかがえ》ってよみがえるとされる。太陽《たいよう》の力《ちから》を宿《やど》し、目《め》から黄金《おうごん》の光《ひかり》を放《はな》って闇《やみ》をはらう。

戦力分析《せんりょくぶんせき》

魔獣軍《まじゅうぐん》

体《からだ》は毛《け》むくじゃらで、足《あし》はロバのヒヅメという姿《すがた》をした、砂漠《さばく》にすむ人食獣《じんしょくじゅう》。特技《とくぎ》の変身《へんしん》で姿《すがた》を変《か》えて敵《てき》をあざむくのが得意《とくい》。攻撃力《こうげきりょく》は高《たか》くないが、一撃《いちげき》でたおされなかった場合《ばあい》、二撃目《にげきめ》からは攻撃《こうげき》を吸収《きゅうしゅう》し、回復《かいふく》してより強《つよ》くなる特《とく》しゅ能力《のうりょく》を持《も》つ。

シーン1 フェニックスがグールの変身《へんしん》を見《み》やぶる

メインフィールド
墓場《はかば》

グールは墓石《ぼせき》に変化《へんか》して、フェニックスを不意打《ふいう》ちでおそう作戦《さくせん》に出《で》た。しかしフェニックスはグールの変化《へんげ》を見《み》ぬき、速度《そくど》を上《あ》げて墓石《ぼせき》へととつ撃《げき》する。

特《とく》しゅスキル
黄金《おうごん》のひとみ
黄金《おうごん》にかがやくひとみで、幻術《げんじゅつ》を見《み》やぶることができる。

特《とく》しゅスキル
変身能力《へんしんのうりょく》
さまざまなものに姿《すがた》を変《か》えて、敵《てき》をあざむく。

回復《かいふく》スキル
攻撃吸収《こうげききゅうしゅう》
2回目《かいめ》の攻撃力《こうげきりょく》を吸収《きゅうしゅう》し、体力回復《たいりょくかいふく》＆パワーアップする。

シーン2 グールがフェニックスを挑発《ちょうはつ》

フェニックスの攻撃《こうげき》は墓石《ぼせき》に直撃《ちょくげき》したが、岩《いわ》に変化《へんげ》していたグールの体《からだ》はかたく、一《いち》撃《げき》で仕留《しと》めることができなかった。勝利《しょうり》を確信《かくしん》したグールは変化《へんげ》を解《と》いて、フェニックスに自分《じぶん》を攻撃《こうげき》するよう挑発《ちょうはつ》する。

攻撃《こうげき》スキル

炎《ほのお》の雨《あめ》

するどい炎《ほのお》のかたまりを、相手《あいて》が灰《はい》になるまで浴《あ》びせかける。

Winner!

勝《しょう》者《しゃ》 聖獣軍《せいじゅうぐん》 フェニックス

シーン3 フェニックスが炎《ほのお》の雨《あめ》を浴《あ》びせる

フェニックスは上空《じょうくう》へと飛《と》び、翼《つばさ》をはためかせ、グールの上《うえ》に炎《ほのお》の雨《あめ》を降《ふ》らせる。体《たい》力回復《りょくかいふく》＆パワーアップしたグールだが、とめどない炎《ほのお》の雨《あめ》で燃《も》え、やがて灰《はい》となった。

バトル結果《けっか》

墓石《ぼせき》に化《ば》けて、さらなる２回目《かいめ》の攻撃《こうげき》をさそい、攻撃吸収《こうげききゅうしゅう》の特《とく》しゅスキルを発動《はつどう》させたグール。しかし、フェニックスの炎《ほのお》の雨《あめ》の火《か》力《りょく》が、それを上《うわ》回《まわ》った。

災《わざわ》いから守《まも》る四神獣《ししんじゅう》 vs.災《わざわ》いをもたらす四凶《しきょう》

敗走《はいそう》を知《し》らぬ蛮勇《ばんゆう》

檮杌《とうこつ》

DATA

推定身長《すいていしんちょう》 8m《メートル》

伝承地域《でんしょうちいき》 中国《ちゅうごく》

スキル 長《なが》い尾《お》

分類《ぶんるい》 魔族《まぞく》

武勇《ぶゆう》を司《つかさど》る百獣《ひゃくじゅう》の王《おう》

白虎《びゃっこ》

DATA

推定身長《すいていしんちょう》 6m《メートル》

伝承地域《でんしょうちいき》 中国《ちゅうごく》

スキル 戦神《せんしん》の格闘《かくとう》

分類《ぶんるい》 神獣《しんじゅう》

聖獣軍《せいじゅうぐん》

中国《ちゅうごく》の「四神獣《ししんじゅう》」のひとつで、500年《ねん》以上《いじょう》生《い》きたトラが霊力《れいりょく》を持《も》ち、巨大《きょだい》な白《しろ》いトラの姿《すがた》となった。他《ほか》の神獣《しんじゅう》とともに、天空《てんくう》の西《にし》の守護神《しゅごしん》として災《わざわ》いや悪鬼《あっき》から都《みやこ》を守《まも》る。トラの戦闘能力《せんとうのうりょく》と共《とも》に、雨《あめ》や雲《くも》を操《あやつ》る神力《しんりょく》も使《つか》う。

戦力分析《せんりょくぶんせき》

魔獣軍《まじゅうぐん》

白虎《びゃっこ》と同《おな》じく中国《ちゅうごく》の伝承《でんしょう》に登場《とうじょう》する、王《おう》の血《ち》を引《ひ》きながらも都《みやこ》を追放《ついほう》された「四凶《しきょう》」のひとつ。トラよりも大《おお》きな体《からだ》で戦場《せんじょう》を暴《あば》れ回《まわ》る。知能《ちのう》は低《ひく》く、逃走《とうそう》の知恵《ちえ》もないため、死《し》ぬまで戦《たたか》い続《つづ》ける。敵《てき》に回《まわ》すと面倒《めんどう》な相手《あいて》だ。

シーン1 檮杌《とうこつ》、尾《お》でアタックする

攻撃《こうげき》スキル

長《なが》い尾《お》

5m《メートル》を超《こ》える長《なが》い尾《お》でムチように攻撃《こうげき》する。

檮杌《とうこつ》が長《なが》い尾《お》をふり回《まわ》し、白虎《びゃっこ》への打撃《だげき》をくり出《だ》す。それを正面《しょうめん》から受《う》け止《と》めた白虎《びゃっこ》は、ぬかるみに足《あし》を取《と》られてたおれこむ。

メインフィールド

沼地《ぬまち》

シーン2 白虎《びゃっこ》、素早《すばや》い身《み》のこなしで反撃《はんげき》

攻撃《こうげき》スキル

戦神《せんしん》の格闘《かくとう》

戦《いくさ》をつかさどる神《かみ》で、戦闘能力《せんとうのうりょく》は四神獣《ししんじゅう》の中《なか》で一番高《いちばんたか》い。

白虎《びゃっこ》へのしかかろうと、檮杌《とうこつ》が飛《と》びかかる。しかし白虎《びゃっこ》は素早《すばや》く体勢《たいせい》を立《た》て直《なお》し、正面《しょうめん》から向《む》かい入《い》れる。

シー3 白虎《びゃっこ》、しつこく食《く》い下《さ》がる

白虎《びゃっこ》がのど笛《ぶえ》にかみつく。引《ひ》きはがそうとする檮杌《とうこつ》だが、接近戦《せっきんせん》では尾《お》の攻撃《こうげき》が思《おも》うように使《つか》えない。白虎《びゃっこ》があごの力《ちから》をさらに強《つよ》め、やがて檮《とう》杌《こつ》は力《ちから》つきた。

バトル結果《けっか》

力《ちから》で勝《まさ》る檮杌《とうこつ》の激《はげ》しい攻撃《こうげき》をこらえながら、白虎《びゃっこ》が冷静《れいせい》な判断力《はんだんりょく》で、すきをついて反撃《はんげき》に転《てん》じた。間《ま》合《あ》いをつめたことで、檮杌《とうこつ》の攻撃《こうげき》をふうじたのが勝因《しょういん》となった。

Battle 08
第1回戦

不死《ふし》の力《ちから》を持《も》つ英雄《えいゆう》 VS.アスラの力《ちから》を宿《やど》す巨象《きょぞう》

知略《ちりゃく》あふれる怪力《かいりき》グマ
ジャンバヴァン

DATA

推定身長《すいていしんちょう》 3 m《メートル》
伝承地域《でんしょうちいき》 インド
スキル 優《すぐ》れた知略《ちりゃく》、怪力《かいりき》
分類《ぶんるい》 獣人《じゅうじん》

ゾウ千頭分《せんとうぶん》のパワー
クヴァラヤーピーダ

DATA

推定身長《すいていしんちょう》 10 m《メートル》
伝承地域《でんしょうちいき》 インド
スキル 吹雪《ふぶき》、剛力《ごうりき》とっ進《しん》
分類《ぶんるい》 魔族《まぞく》

魔獣軍《まじゅうぐん》

インド神話《しんわ》に登場《とうじょう》する、けた外《はず》れのわん力《りょく》を持《も》つクマの王《おう》で、知略《ちりゃく》にも優《すぐ》れた心優《こころやさ》しき英雄《えいゆう》。愛用《あいよう》のガダを手《て》に、大地《だいち》を割《わ》るほどの重《おも》たい一撃《いちげき》を放《はな》つ。神《かみ》の祝福《しゅくふく》によって、自身《じしん》の父《ちち》（クリシュナ神《しん》）以外《いがい》には負《ま》けない、不死《ふし》の力《ちから》を授《さず》かる。

戦力分析《せんりょくぶんせき》

インド神話《しんわ》に登場《とうじょう》する粗暴《そぼう》なゾウで、悪王《あくおう》・カンサに飼《し》育《いく》されていた。その剛力《ごうりき》はゾウ千《せん》頭分《とうぶん》に匹敵《ひってき》するが、その正体《しょうたい》は神《かみ》をも超越《ちょうえつ》する力《ちから》を持《も》つアスラ族《ぞく》が化《ば》けたもの。巨体《きょたい》を生《い》かしたふみつけと、長《なが》い鼻《はな》による打撃《だげき》を得意《とくい》とする。

シーン1 ジャンバヴァン、有利《ゆうり》な陣地《じんち》を確保《かくほ》

攻撃《こうげき》スキル

吹雪《ふぶき》

アスラ族《ぞく》の力《ちから》で吹雪《ふぶき》を起《お》こせる。

特《とく》しゅスキル

優《すぐ》れた知略《ちりゃく》

自分《じぶん》が有利《ゆうり》になるよう、戦況《せんきょう》をみて行動《こうどう》する。

バトルが開始《かいし》されると、ジャンバヴァンがすかさず山《やま》の頂上《ちょうじょう》を陣取《じんど》り、有利《ゆうり》な展開《てんかい》に。対《たい》するクヴァラヤーピーダは、山《やま》に吹雪《ふぶき》を起《お》こす。

メインフィールド

雪山《ゆきやま》

攻撃《こうげき》スキル

剛力《ごうりき》とっ進《しん》

ゾウ千頭分《せんとうぶん》の剛力《ごうりき》で、雪坂《ゆきざか》をかけあがってとっ進《しん》する。

シーン2 クヴァラヤーピーダ、真《ま》っすぐ猛《もう》とっ進《しん》

寒《さむ》さで動《うご》きがにぶくなったジャンバヴァンに、クヴァラヤーピーダは雪《ゆき》山《やま》をかけのぼり、真《ま》っ向《こう》からとっ進《しん》。吹雪《ふぶき》で視界《しかい》が悪《わる》く、ジャンバヴァンはこれをさけられない。

3 ジャンバヴァン、不死《ふし》の力《ちから》を発動《はつどう》！

攻撃《こうげき》スキル
怪力《かいりき》
ゾウも簡単《かんたん》に持《も》ち上《あ》げるほどのわん力《りょく》を持《も》つ。

Winner!
勝者《しょうしゃ》 聖獣軍《せいじゅうぐん》 ジャンバヴァン

クヴァラヤーピーダのキバが、ジャンバヴァンをつらぬく。しかし、不死《ふし》の力《ちから》を持《も》つジャンバヴァンは死《し》ぬことはなく、怪力《かいりき》でクヴァラヤーピーダをかかえ上《あ》げ、がけ下《した》へと投《な》げ捨《す》てた。

バトル結果《けっか》

クヴァラヤーピーダの吹雪《ふぶき》や剛力《ごうりき》は強力《きょうりょく》なものだった。しかし、神《かみ》の祝福《しゅくふく》を受《う》けたジャンバヴァンの不死《ふし》の力《ちから》を打《う》ち破《やぶ》ることはできなかった。

幻獣《げんじゅう》の物語《ものがたり》

神話《しんわ》や伝承《でんしょう》の中《なか》では、幻獣《げんじゅう》の活やくが数多《かずおお》く描《えが》かれています。中《なか》には、特別《とくべつ》な幻獣同士《げんじゅうどうし》の深《ふか》いつながりが分《わ》かる物語《ものがたり》もあります。今回《こんかい》は、その中《なか》の一部《いちぶ》を取《と》り上《あ》げます。

殺《ころ》し合《あ》う宿命《しゅくめい》

―レヴィアタンとベヒモス―

『旧約聖書《きゅうやくせいしょ》』の中《なか》で、神《かみ》は7日間《かかん》の世界創造《せかいそうぞう》の最中《さなか》、最強生物《さいきょうせいぶつ》・レヴィアタン（P92）と最高《さいこう》傑作《けっさく》・ベヒモス（P136）を対《つい》を成《な》す存在《そんざい》として創造《そうぞう》したと言《い》われている。二匹《にひき》は世界《せかい》の終末《しゅうまつ》が訪《おとず》れるとどちらかが死《し》ぬまで戦《たたか》い続《つづ》ける宿命《しゅくめい》にあり、終末《しゅうまつ》のバトルまではレヴィアタンが海《うみ》、ベヒモスは陸《りく》とすみかをわけて暮《く》らしている。

主《おも》な出典《しゅってん》：『旧約聖書《きゅうやくせいしょ》』

18世紀《せいき》の詩人《しじん》・画家《がか》のウィリアム・ブレイクの描《か》いたベヒモス（上《うえ》）とレヴィアタン（下《した》）。

写真：Rollan Budi

前後《ぜんご》に人《ひと》が2人入《ふたりはい》って動《うご》かすバロンの人形《にんぎょう》（上《うえ》）。踊《おど》るランダの人形《にんぎょう》（左《ひだり》）。

永遠《えいえん》のライバル

―バロンとランダ―

かつて人《ひと》びとをおそっていたが、改心《かいしん》して善《ぜん》の守護《しゅご》神《しん》となったバロンは、悪《あく》の化身《けしん》である魔女《まじょ》ランダから人《ひと》びとを守《まも》っている。バロンが太陽《たいよう》と善《ぜん》をつかさどる森《もり》の守護神《しゅごしん》であるなら、ランダは夜《よる》と悪《あく》をつかさどる闇《やみ》の魔女《まじょ》である。バロンとランダは相手《あいて》をたおすまでは死《し》ねず、何度《なんど》死《し》んでも必《かなら》ず復活《ふっかつ》する。そのため、バロンとランダによる善悪《ぜんあく》をめぐる戦《たたか》いは、この世界《せかい》がある限《かぎ》り永遠《えいえん》に続《つづ》くとされている。

主《おも》な出典《しゅってん》：バリ島《とう》の神話《しんわ》

16世紀《せいき》にメソアメリカ先住民《せんじゅうみん》の残《のこ》した『ボルジア絵文書《えもんじょ》』に描《か》かれたケツァルコアトル（左《ひだり》）とテスカトリポカ（右《みぎ》）。

世界《せかい》をめぐる兄弟《きょうだい》ゲンカ

—ケツァルコアトルとテスカトリポカ—

アステカの神《かみ》であるケツァルコアトル（P108）とテスカトリポカは、兄弟《きょうだい》にしてライバル同士《どうし》の関係《かんけい》。戦《たたか》いや生《い》けにえをきらったケツァルコアトルに対《たい》し、テスカトリポカは野《や》ばんでずるがしこく、性格《せいかく》が真逆《まぎゃく》だ。この二神《にしん》は、世界《せかい》の支配権《しはいけん》をめぐって争《あらそ》い、創造《そうぞう》と破壊《はかい》をくり返《かえ》してきた。最後《さいご》は、ワナにはまったケツァルコアトルが神《かみ》の力《ちから》を失《うしな》い、テスカトリポカがのぞむ、戦争《せんそう》がくり返《かえ》される世界《せかい》になってしまう。

主《おも》な出典《しゅってん》：アステカ神話《しんわ》

父子《おやこ》の宿命《しゅくめい》

—ジャンバヴァンとヴィシュヌ—

永遠《えいえん》の命《いのち》を持《も》つジャンバヴァンは、その能力《のうりょく》と引《ひ》き換《か》えに、父親《ちちおや》であるヴィシュヌには絶対《ぜったい》に勝《か》てないという宿命《しゅくめい》を背《せ》負《お》う。実際《じっさい》にヴィシュヌの化身《けしん》(P100)・クリシュナと戦《たたか》い、ジャンバヴァンは敗《やぶ》れている。

良《よ》き戦友《せんゆう》

—ハヌマーンとジャンバヴァン—

王子《おうじ》ラーマの妻《つま》であったシータが、ラーヴァナという鬼神《きしん》の王《おう》にゆうかいされる物語《ものがたり》に、そうさく隊《たい》の一員《いちいん》として風神《ふうじん》の子《こ》ハヌマーン（P116）や熊《くま》の王《おう》ジャンバヴァン（P29）が登場《とうじょう》する。さらわれたシータを追《お》って海《うみ》を越《こ》えなければならなかったとき、いかにして海《うみ》を渡《わた》るか考《かんが》えこむハヌマーンに、ジャンバヴァンははげましの言葉《ことば》をかけた。この激《げき》れいにより、ハヌマーンは自分《じぶん》のせんざい能力《のうりょく》に気《き》がつき、高《たか》いジャンプ力《りょく》で海《うみ》を渡《わた》ることに成功《せいこう》した。このように、二人《ふたり》は信頼《しんらい》できる良《よ》き戦友《せんゆう》だった。

主《おも》な出典《しゅってん》：『ラーマーヤナ』

1910年頃《ねんごろ》描《か》かれたハヌマーン（左《ひだり》）。
1820年《ねん》に描《か》かれたジャンバヴァン（右《みぎ》）。

首《くび》のない女騎士《おんなきし》 VS.あらゆる武器《ぶき》を使《つか》う戦神《せんしん》

武神《ぶしん》にして反乱者《はんらんしゃ》
蚩尤《しゆう》

神出鬼没《しんしゅつきぼつ》の死神《しにがみ》
デュラハン

DATA

推定身長《すいていしんちょう》 4m《メートル》
伝承地域《でんしょうちいき》 アイルランド
スキル 人《ひと》の背骨《せぼね》のムチ、生命吸引《せいめいきゅういん》
分類《ぶんるい》 妖精《ようせい》

DATA

推定身長《すいていしんちょう》 2m《メートル》
伝承地域《でんしょうちいき》 中国《ちゅうごく》
スキル 6本《ぼん》のうで、戦斧《せんぶ》
分類《ぶんるい》 異形《いぎょう》

聖獣軍《せいじゅうぐん》

首《くび》のない女騎士《おんなきし》の姿《すがた》で、自分《じぶん》の首《くび》を小《こ》わきにかかえる、不吉《ふきつ》な妖精《ようせい》。ねらった獲物《えもの》に死《し》を宣告《せんこく》し、人《ひと》の背骨《せぼね》でできたムチで打《う》ちたおし、魂《たましい》をかり取《と》る。デュラハンの乗《の》るウマもまた首《くび》がなく、つかれ知《し》らずのため、逃《に》げ切《き》るのは至難《しなん》のわざである。

戦力分析《せんりょくぶんせき》

魔獣軍《まじゅうぐん》

中国神話《ちゅうごくしんわ》に登場《とうじょう》する、欲深《よくぶか》く凶暴《きょうぼう》な性格《せいかく》の異形《いぎょう》の神《かみ》。天下《てんか》をとるべく、魑魅魍魎《ちみもうりょう》を味方《みかた》につけ反乱《はんらん》を起《お》こした。6本《ぽん》のうでで激《はげ》しい攻撃《こうげき》を行《おこな》うだけでなく、戦術《せんじゅつ》・戦略《せんりゃく》にも優《すぐ》れ、さらに超能力《ちょうのうりょく》まで使《つか》いこなすやっかいな反乱者《はんらんしゃ》である。

メインフィールド

荒《あ》れ地《ち》

シーン1 両者《りょうしゃ》、武器《ぶき》による競《せ》り合《あ》い

蚩尤《しゆう》は6本《ぽん》のうででさまざまな武《ぶ》器《き》を使《つか》い、デュラハンへとおそいかかる。デュラハンは馬《うま》の上《うえ》からムチを使《つか》い、器用《きよう》に蚩尤《しゆう》の武器《ぶき》を打《う》ちはらう。

攻撃《こうげき》スキル

人《ひと》の背骨《せぼね》のムチ

人《ひと》の背骨《せぼね》を材料《ざいりょう》にしたムチをたくみに使《つか》いこなす。

攻撃《こうげき》スキル

6本《ぽん》のうで

剣《けん》や矛《ほこ》（ヤリのようなえの長《なが》い武《ぶ》器《き》）などの発明家《はつめいか》でもあり、6本《ぽん》のうででどんな武器《ぶき》も使《つか》いこなす。

シーン2 力《ちから》をうばうデュラハン

回復《かいふく》スキル

生命吸引《せいめいきゅういん》

生《い》き物《もの》の生命力《せいめいりょく》をうばうことができる。

デュラハンの能力《のうりょく》により、蚩尤《しゆう》の体力《たいりょく》がしだいにうばわれていく。それに気《き》がついた蚩尤《しゆう》は、急《いそ》いで後退《こうたい》して距離《きょり》をとる。デュラハンがウマを加速《かそく》させ、後《あと》を追《お》いかける。

シーン3 蚩尤《しゅう》、すきをみて反撃《はんげき》

デュラハンが蚩尤《しゅう》を追《お》って森《もり》へ入《はい》ると、待《ま》ち構《かま》えていた蚩尤《しゅう》が木《き》の上《うえ》からデュラハンへと飛《と》びかかる。大《おお》きな斧《おの》を使《つか》い、力《ちから》わざでウマごとデュラハンを真《ま》っ二《ぷた》つにした。

バトル結果《けっか》

６本《ほん》のうでを使《つか》った攻撃《こうげき》を防《ふせ》がれた上《うえ》に、体力《たいりょく》を吸収《きゅうしゅう》され、不利《ふり》に見《み》えた蚩尤《しゅう》。しかし最後《さいご》に、デュラハンの油断《ゆだん》をさそって、戦斧《せんぷ》による必殺《ひっさつ》の一撃《いちげき》を決《き》めて勝利《しょうり》した。

Battle 10
第1回戦

空《そら》飛《と》ぶ火炎《かえん》 VS.海《うみ》を焼《や》きつくす怪物《かいぶつ》

船《ふね》をも飲《の》みこむ海《うみ》の重鎮《じゅうちん》

海翁《かいおう》

飛来《ひらい》する炎《ほのお》の大蛇《だいじゃ》

ボイタタ

DATA

推定身長《すいていしんちょう》 15～20 m《メートル》
伝承地域《でんしょうちいき》 ブラジル、アルゼンチン、パラグアイ
スキル 聖《せい》なる炎《ほのお》
分類《ぶんるい》 妖怪《ようかい》

DATA

推定身長《すいていしんちょう》 50km《キロメートル》
伝承地域《でんしょうちいき》 台湾《たいわん》
スキル 強《きょう》れつな火炎《かえん》
分類《ぶんるい》 妖怪《ようかい》

聖獣軍《せいじゅうぐん》

魔獣軍《まじゅうぐん》

戦力分析《せんりょくぶんせき》

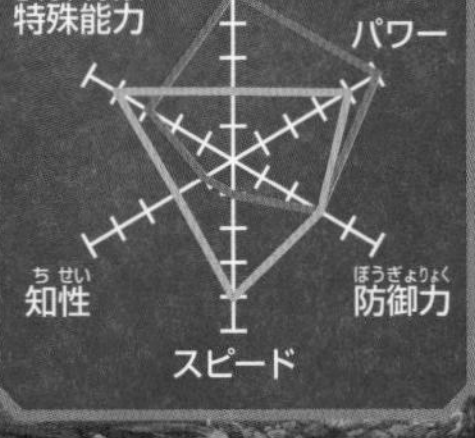

アマゾンにすむ、空《そら》を飛《と》ぶ巨《きょ》大《だい》なヘビ。ふだんは湖《みずうみ》などの水底《みなそこ》にいるが、自然《しぜん》をおびやかす者《もの》を見《み》つけると、聖《せい》なる炎《ほのお》に身《み》を包《つつ》みおそいかかる。ボイタタの炎《ほのお》は、森林《しんりん》を燃《も》やすことはないが、その激《はげ》しい閃光《せんこう》は、見《み》た者《もの》の視力《しりょく》をうばう。

台湾《たいわん》に伝《つた》わる海《うみ》の怪物《かいぶつ》で、50km《キロメートル》にもおよぶ巨大《きょだい》な体《からだ》をもつ。眠《ねむ》りにつくと100年《ねん》ほど目覚《めざ》めないため、島《しま》とまちがわれることも。ひとたび目覚《めざ》めれば、火《ひ》をふいて辺《あた》りを焼《や》きつくし、巨大《きょだい》な尾《お》による打撃《だげき》で敵《てき》をようしゃなく撃沈《げきちん》する。

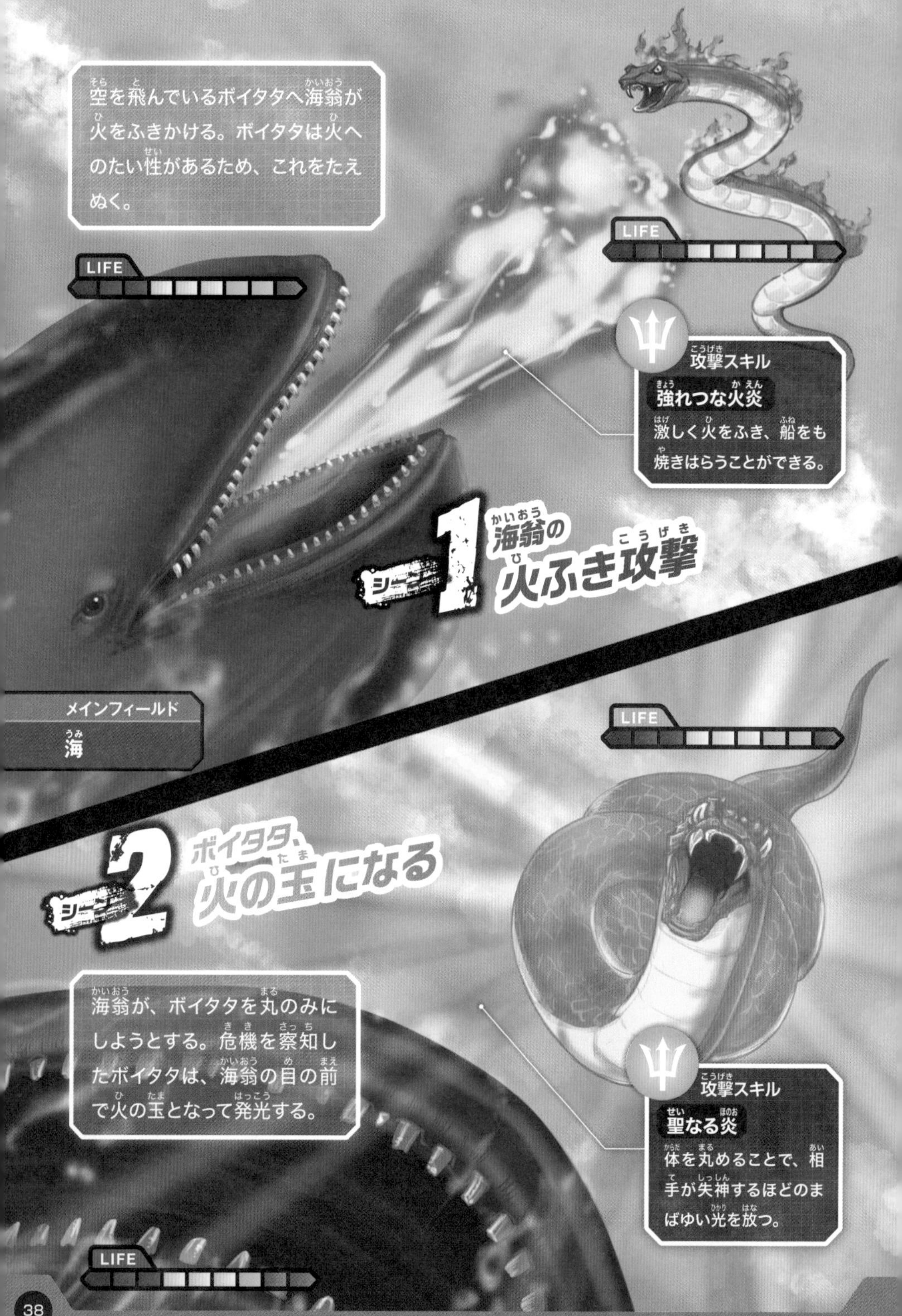

空《そら》を飛《と》んでいるボイタタへ海翁《かいおう》が火《ひ》をふきかける。ボイタタは火《ひ》へのたい性《せい》があるため、これをたえぬく。

攻撃《こうげき》スキル

強《きょう》れつな火炎《かえん》

激《はげ》しく火《ひ》をふき、船《ふね》をも焼《や》きはらうことができる。

シーン1 海翁《かいおう》の火《ひ》ふき攻撃《こうげき》

メインフィールド

海《うみ》

シーン2 ボイタタ、火《ひ》の玉《たま》になる

海翁《かいおう》が、ボイタタを丸《まる》のみにしようとする。危機《きき》を察知《さっち》したボイタタは、海翁《かいおう》の目《め》の前《まえ》で火《ひ》の玉《たま》となって発光《はっこう》する。

攻撃《こうげき》スキル

聖《せい》なる炎《ほのお》

体《からだ》を丸《まる》めることで、相《あい》手《て》が失神《しっしん》するほどのまばゆい光《ひかり》を放《はな》つ。

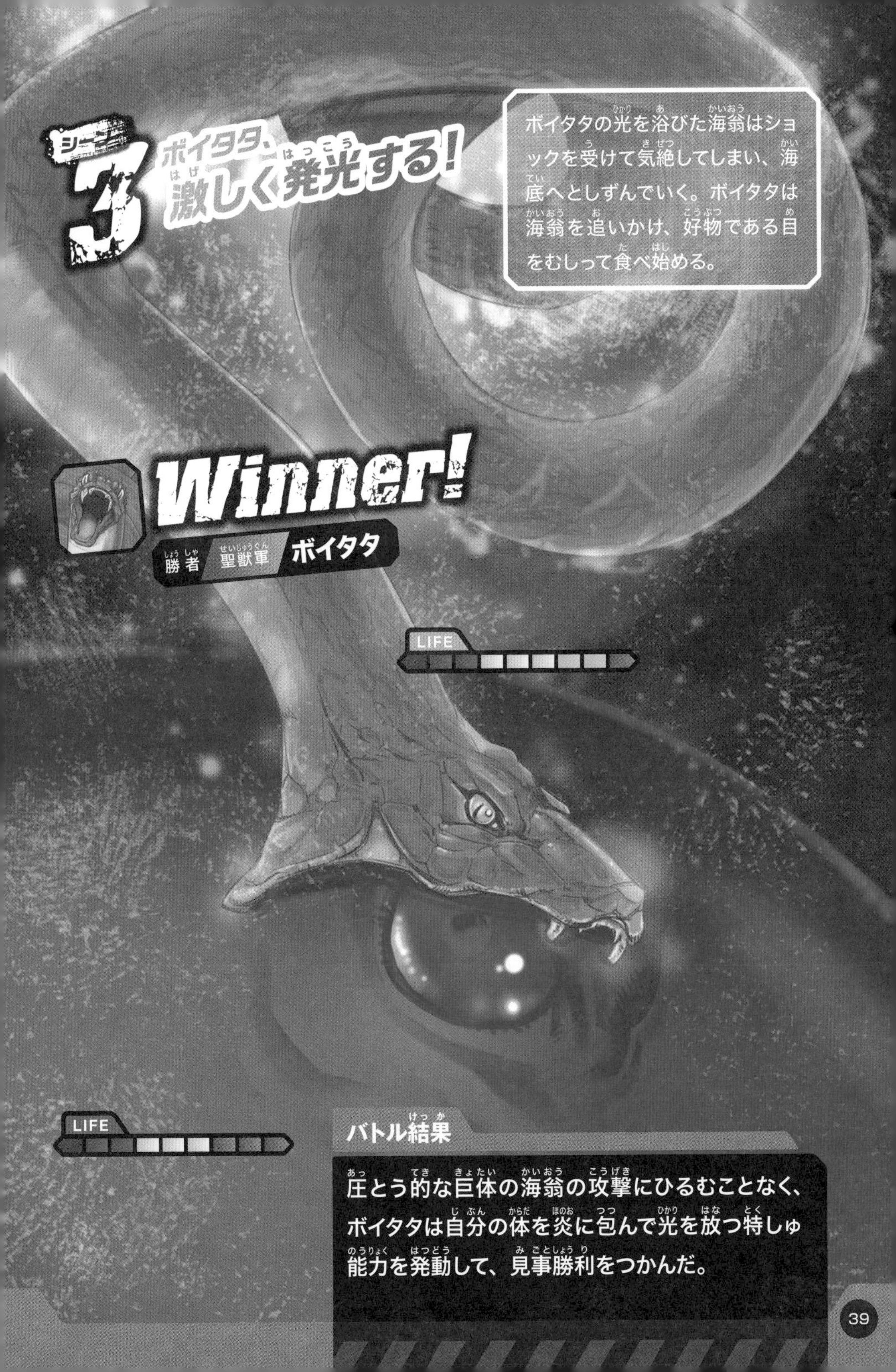

シーン3 ボイタタ、激《はげ》しく発光《はっこう》する！

ボイタタの光《ひかり》を浴《あ》びた海翁《かいおう》はショックを受《う》けて気絶《きぜつ》してしまい、海底《かいてい》へとしずんでいく。ボイタタは海翁《かいおう》を追《お》いかけ、好物《こうぶつ》である目《め》をむしって食《た》べ始《はじ》める。

Winner!

勝者《しょうしゃ》 聖獣軍《せいじゅうぐん》 ボイタタ

バトル結果《けっか》

圧《あっ》とう的《てき》な巨体《きょたい》の海翁《かいおう》の攻撃《こうげき》にひるむことなく、ボイタタは自分《じぶん》の体《からだ》を炎《ほのお》に包《つつ》んで光《ひかり》を放《はな》つ特《とく》しゅ能力《のうりょく》を発動《はつどう》して、見事勝利《みごとしょうり》をつかんだ。

巨大《きょだい》な守護者《しゅごしゃ》 VS.小《ちい》さな暴徒《ぼうと》

恐《おそ》るべき森《もり》の番人《ばんにん》 フンババ

DATA
推定身長《すいていしんちょう》 10 m《メートル》
伝承地域《でんしょうちいき》 メソポタミア
スキル 聖《せい》なる火炎《かえん》
分類《ぶんるい》 怪物《かいぶつ》

森《もり》の四季《しき》と共《とも》にある精霊《せいれい》 レーシー

DATA
推定身長《すいていしんちょう》 数《すう》 cm《センチメートル》～60 m《メートル》
伝承地域《でんしょうちいき》 ロシア
スキル 伸縮自在《しんしゅくじざい》、木《き》を操《あやつ》る
分類《ぶんるい》 精霊《せいれい》

聖獣軍《せいじゅうぐん》

中近東《ちゅうきんとう》の高地《こうち》に生《は》えるレバノン杉《すぎ》をすみかとする怪物《かいぶつ》で、杉《すぎ》の木《き》を守《まも》る森《もり》の番人《ばんにん》だ。森《もり》を荒《あ》らす者《もの》がいれば、太《ふと》い幹《みき》のようなうででなぎたおし、口《くち》からは火炎《かえん》や毒《どく》の霧《きり》をはきつける。強《つよ》い呪《のろ》いの力《ちから》を持《も》ち、視線《しせん》の力《ちから》だけで相手《あいて》に死《し》を与《あた》えることもできる。

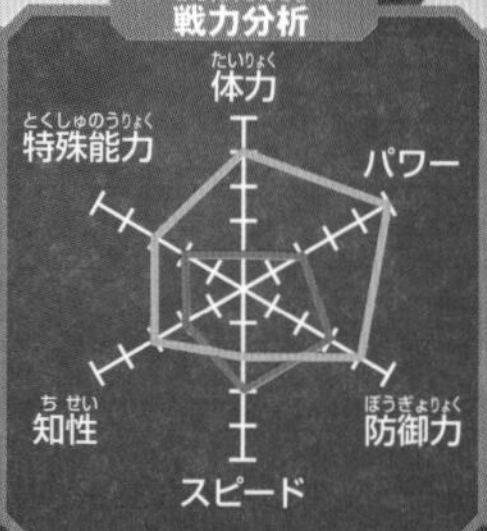

世《せ》界中《かいじゅう》の森《もり》に住《す》む精霊《せいれい》。全《ぜん》身《しん》が緑色《みどりいろ》で、流《なが》れる血《ち》は青《あお》い。影《かげ》を持《も》たず、大《おお》きさを自由《じゆう》に変化《へんか》させられる。性格《せいかく》と戦闘力《せんとうりょく》は四季《しき》で変化《へんか》するが、秋《あき》が最《もっと》も狂《きょう》暴《ぼう》で強《つよ》くなる。草木《くさき》を枯《か》らす冬《ふゆ》へのいら立《だ》ちで、死《し》にさからおうと暴《あば》れくるうためだ。

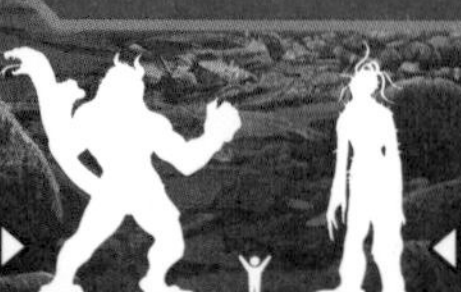

特《とく》しゅスキル

伸縮自在《しんしゅくじざい》

自身《じしん》の体《からだ》のサイズを自由《じゆう》に変化《へんか》させることができる。

メインフィールド

森林《しんりん》

狂暴化《きょうぼうか》したレーシーは、体《からだ》を小《ちい》さくして森《もり》に身《み》をひそませ、不気味《ぶきみ》なさけび声《ごえ》を辺《あた》りにとどろかせる。フンババも負《ま》けじとほえて、レーシーを威圧《いあつ》する。森《もり》がざわめき立《た》ち、ただならぬ雰囲気《ふんいき》がただよう。

シーン1 両者《りょうしゃ》、たがいにけん制《せい》し合《あ》う

シーン2 レーシー、樹木《じゅもく》で捕《ほ》ばくする

特《とく》しゅスキル

木《き》を操《あやつ》る

森《もり》の木々《きぎ》を自由自在《じゆうじざい》に操《あやつ》れる。

レーシーは木《き》を操《あやつ》り、フンババを樹木《じゅもく》の枝《えだ》でからめてとらえる。フンババのわん力《りょく》であれば、木《き》を破《は》かいしてぬけ出《だ》すこともできるが、森《もり》の木《き》を傷《きず》つけるのをきらうフンババは枝《えだ》を取《と》ろうとはしない。

レーシーが操《あやつ》る木《き》の枝《えだ》が、フンババの首《くび》にからみつき、しめ殺《ころ》そうとする。フンババは空気《くうき》を目一杯《めいっぱい》吸《す》いこみ、火炎《かえん》をはきかける。木々《きぎ》は焼《や》けずに、レーシーだけが燃《も》えあがり、恐《おそ》ろしい断末魔《だんまつま》の声《こえ》をあげて息絶《いきた》える。

シーン3 フンババ、火炎攻撃《かえんこうげき》をくり出《だ》す

攻撃《こうげき》スキル

聖《せい》なる火炎《かえん》

森《もり》を焼《や》くことはなく、ねらった敵《てき》だけを焼《や》きつくす。

Winner!

勝者《しょうしゃ》 聖獣軍《せいじゅうぐん》 フンババ

バトル結果《けっか》

特《とく》しゅ能力《のうりょく》をく使《し》しながら、レーシーはフンババを追《お》いつめていった。しかし、最後《さいご》はフンババの聖《せい》なる火炎《かえん》という必殺技《ひっさつわざ》によって、形勢逆転《けいせいぎゃくてん》されてしまった。

Battle 12 第1回戦

神《かみ》につかえる2匹《ひき》のオオカミ VS. 神殺《かみごろ》しの超巨大《ちょうきょだい》オオカミ

陰《いん》と陽《よう》の一対《いっつい》のオオカミ

ゲリとフレキ

DATA

推定身長《すいていしんちょう》 4m《メートル》

伝承地域《でんしょうちいき》 北欧《ほくおう》

スキル コンビネーション

分類《ぶんるい》 神獣《しんじゅう》

神殺《かみごろ》しの魔狼《デーモンウルフ》

フェンリル

DATA

推定身長《すいていしんちょう》 超巨体《ちょうきょたい》

伝承地域《でんしょうちいき》 北欧《ほくおう》

スキル 神殺《かみごろ》しの巨体《きょたい》

分類《ぶんるい》 怪物《かいぶつ》

北《ほく》欧《おう》神話《しんわ》に登場《とうじょう》する神《かみ》・オーディンが従《したが》える一対《いっつい》のオオカミで、常《つね》に2匹《ひき》で行動《こうどう》する。どん欲《よく》で、与《あた》えられた食物《しょくもつ》を全《すべ》て平《たい》らげる。荒《あら》あらしい自然《しぜん》を生《い》きぬく耐久力《たいきゅうりょく》と素早《すばや》さを持《も》つ2匹《ひき》が、息《いき》の合《あ》ったコンビネーションで戦《たたか》う。

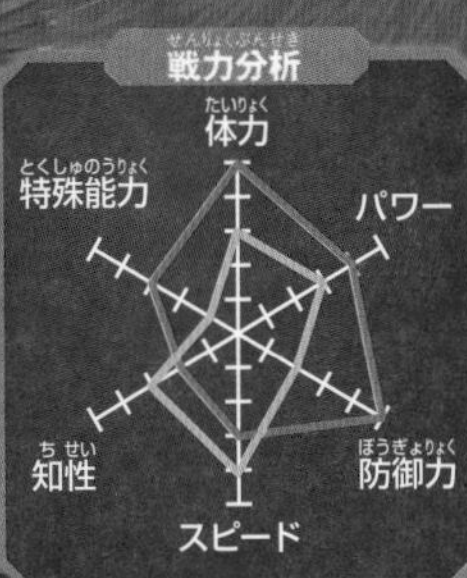

北《ほく》欧《おう》神話《しんわ》に登場《とうじょう》するオオカミの姿《すがた》の怪物《かいぶつ》。天《てん》にもとどくほどの巨体《きょたい》で、大《おお》きな口《くち》は神《かみ》も飲《の》みこみ、目《め》や口《くち》からは炎《ほのお》を出《だ》し、どんな敵《てき》も焼《や》き殺《ころ》す。あまりに凶暴《きょうぼう》なため、神々《かみがみ》に災《わざわ》いをもたらすとされ、魔法《まほう》のなわ・グレイプニルでこう束《そく》されている。

防《ぼう》ぎょスキル

神殺《かみごろ》しの巨体《きょたい》

天《てん》にもとどくほどの巨《きょ》体《たい》で、神々《かみがみ》にも警《けい》かいされている。

シー1 フェンリル、よゆうをもって様子見《ようすみ》

ゲリとフレキは、フェンリルの体《からだ》の上《うえ》をかけ回《まわ》るが、相手《あいて》の体《からだ》が大《おお》きすぎるため、なかなか攻撃《こうげき》が効《き》かない。フェンリルはよゆうで様子《ようす》を見《み》ている。

メインフィールド

荒《あ》れ地《ち》

シー2 フェンリル、2匹《ひき》を飲《の》みこむ!?

ゲリとフレキは目配《めくば》せをし、フェンリルの鼻先《はなさき》の上《うえ》に立《た》つ。フェンリルは大口《おおぐち》を開《あ》けて2匹《ひき》を飲《の》みこもうとする。

Winner!

勝者《しょうしゃ》 聖獣軍《せいじゅうぐん》 ゲリとフレキ

攻撃《こうげき》スキル

コンビネーション

おたがいの考《かんか》えることが手《て》に取《と》るように分《わ》かり、臨機応変《りんきおうへん》に戦法《せんぼう》を変更《へんこう》しながら戦《たたか》える。

シー 3 ゲリとフレキの奇《き》しゅう攻撃《こうげき》！

ゲリとフレキは、フェンリルの舌《した》をバネにしてとび上《あ》がり、難《なん》を逃《のが》れた。すかさず２匹《ひき》はフェンリルの両目《りょうめ》に、爪《つめ》とキバで攻撃《こうげき》をしかける。目《め》をつぶされたフェンリルは、激痛《げきつう》でその場《ば》にたおれた。

バトル結果《けっか》

体格《たいかく》で圧《あっ》とう的有利《てきゆうり》に思《おも》えたフェンリル。しかし油断《ゆだん》のためか、ゲリとフレキの呼吸《こきゅう》のあった、急所《きゅうしょ》をねらった攻撃《こうげき》によってあっけなくたおされてしまった。

改心《かいしん》した守護獣《しゅごじゅう》 VS.だらくした霊獣《れいじゅう》

魔獣特攻《まじゅうとっこう》の魔術師《まじゅつし》 バロン

DATA

推定身長《すいていしんちょう》 3 m《メートル》
伝承地域《でんしょうちいき》 インドネシア バリ島《とう》
スキル 森《もり》への適応力《てきおうりょく》、太陽光《たいようこう》ビーム
分類《ぶんるい》 神獣《しんじゅう》

天空《てんくう》の王者《おうじゃ》 アンズー

DATA

推定身長《すいていしんちょう》 4 m《メートル》
伝承地域《でんしょうちいき》 西《にし》アジア
スキル 翼《つばさ》のとっ風《ぷう》
分類《ぶんるい》 妖怪《ようかい》

魔獣軍《まじゅうぐん》

戦力分析

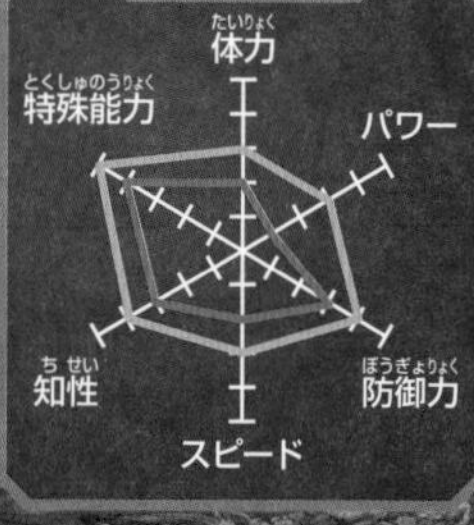

バリ島《とう》の神話《しんわ》に登場《とうじょう》する神《しん》獣《じゅう》で、かつては人《ひと》を食《く》う野《や》獣《じゅう》としておそれられていた。しかし、人《ひと》びとが供物《くもつ》をささげたことにより、守護獣《しゅごじゅう》へと改心《かいしん》した。魔《ま》獣《じゅう》の弱点《じゃくてん》を知《し》りつくし、太陽《たいよう》の光《ひかり》を源《みなもと》に、邪悪《じゃあく》な力《ちから》を追《お》いはらう善《ぜん》の魔術《まじゅつ》を使《つか》う。

シュメール神話《しんわ》に登場《とうじょう》する、ワシの体《からだ》とライオンの頭《あたま》を持《も》つ怪鳥《かいちょう》。元《もと》は神《かみ》につかえる霊獣《れいじゅう》だが、権力欲《けんりょくほ》しさに天命《てんめい》のタブレット（強大《きょうだい》な力《ちから》をえられる石板《せきばん》）をぬすみ、追放《ついほう》された。大気《たいき》の力《ちから》を自《じ》在《ざい》に操《あやつ》り、巨大《きょだい》な翼《つばさ》でとっ風《ぷう》を起《お》こす。天空《てんくう》を引《ひ》きさくするどい爪《つめ》も強力《きょうりょく》な武器《ぶき》だ。

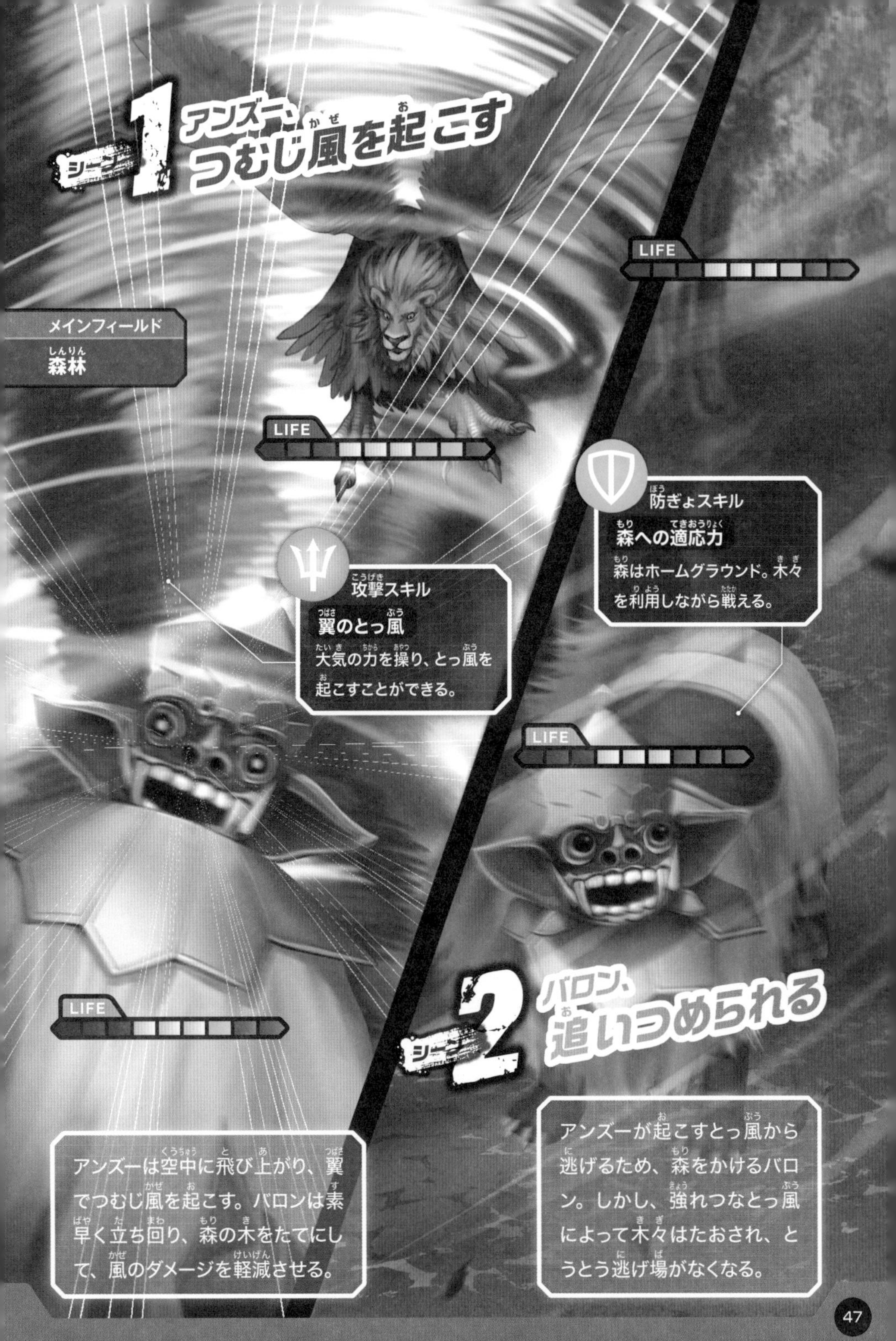

シーン1 アンズー、つむじ風《かぜ》を起《お》こす

メインフィールド

森林《しんりん》

攻撃《こうげき》スキル

翼《つばさ》のとっ風《ぷう》

大気《たいき》の力《ちから》を操《あやつ》り、とっ風《ぷう》を起《お》こすことができる。

防《ぼう》ぎょスキル

森《もり》への適応力《てきおうりょく》

森《もり》はホームグラウンド。木々《きぎ》を利用《りよう》しながら戦《たたか》える。

シーン2 バロン、追《お》いつめられる

アンズーは空中《くうちゅう》に飛《と》び上《あ》がり、翼《つばさ》でつむじ風《かぜ》を起《お》こす。バロンは素《す》早《ばや》く立《た》ち回《まわ》り、森《もり》の木《き》をたてにして、風《かぜ》のダメージを軽減《けいげん》させる。

アンズーが起《お》こすとっ風《ぷう》から逃《に》げるため、森《もり》をかけるバロン。しかし、強《きょう》れつなとっ風《ぷう》によって木々《きぎ》はたおされ、とうとう逃《に》げ場《ば》がなくなる。

Winner!

勝者《しょうしゃ》 聖獣軍《せいじゅうぐん》 バロン

攻撃《こうげき》スキル

太陽光《たいようこう》ビーム

魔術《まじゅつ》によって、すべてを焼《や》きつくす太陽光《たいようこう》ビームを発射《はっしゃ》できる。

シーン3 バロン、逆転《ぎゃくてん》の魔術《まじゅつ》発動《はつどう》

とどめの一撃《いちげき》を放《はな》とうと飛行高度《ひこうこうど》を上《あ》げるアンズー。バロンはアンズーの攻撃《こうげき》のしゅん間《かん》をねらいすまし、魔術《まじゅつ》で太陽光《たいようこう》ビームを照射《しょうしゃ》する。アンズーはみるみるうちに黒《くろ》こげになった。

バトル結果《けっか》

追《お》いつめられたように見《み》えたバロンだったが、実《じつ》は必殺《ひっさつ》のビームを当《あ》てやすい位置《いち》に相手《あいて》をゆう導《どう》していた。まんまとその作戦《さくせん》に乗《の》ってしまったアンズーは、戦略《せんりゃく》で敗北《はいぼく》した。

はん栄をもたらす鳥《とり》 VS. 疫病《えきびょう》を広《ひろ》げる妖怪《ようかい》

招《まね》かれざる海獣《かいじゅう》
牛鬼《うしおに》

DATA
推定身長《すいていしんちょう》 8m《メートル》
伝承地域《でんしょうちいき》 日本《にほん》
スキル 毒《どく》の息《いき》、霊力《れいりょく》の糸《いと》
分類《ぶんるい》 妖怪《ようかい》

心《こころ》も美《うつく》しい神獣《しんじゅう》
シームルグ

DATA
推定身長《すいていしんちょう》 10m《メートル》
伝承地域《でんしょうちいき》 イラン
スキル 治《ち》ゆの力《ちから》
分類《ぶんるい》 神獣《しんじゅう》

聖獣軍《せいじゅうぐん》

イラン神話《しんわ》に登場《とうじょう》する、七色《なないろ》の体毛《たいもう》の巨鳥《きょちょう》。はん栄《えい》のために種子《しゅし》をまき、満腹《まんぷく》になれば他《ほか》の動物《どうぶつ》のためにエサを置《お》いてゆくなど、非常《ひじょう》に愛情《あいじょう》が深《ふか》い。するどい爪《つめ》と高《たか》い知能《ちのう》による空中戦術《くうちゅうせんじゅつ》が得意《とくい》で、治《ち》ゆ能力《のうりょく》と耐久力《たいきゅうりょく》もあわせ持《も》つ。

戦力分析《せんりょくぶんせき》

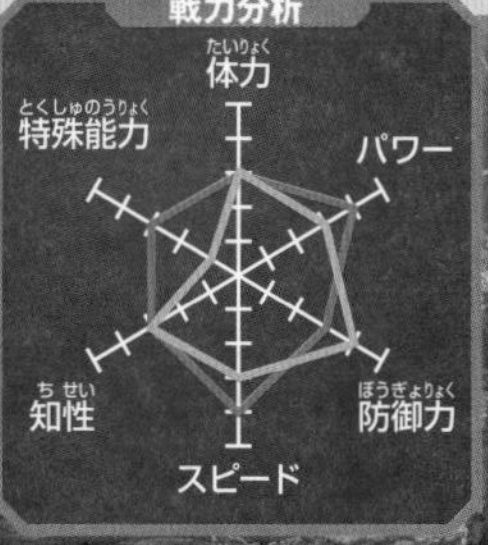

魔獣軍《まじゅうぐん》

西《にし》日本《にほん》に伝《つた》わる妖怪《ようかい》で、頭《あたま》がウシで体《からだ》が巨大《きょだい》なクモという不気味《ぶきみ》な姿《すがた》をしている。その性格《せいかく》は残忍《ざんにん》で、海岸《かいがん》に現《あらわ》れては、人《ひと》や家《か》ちくをおそったとされる。強《つよ》い霊力《れいりょく》による邪視《じゃし》は、にらむだけで人《ひと》を病気《びょうき》にしてしまう。

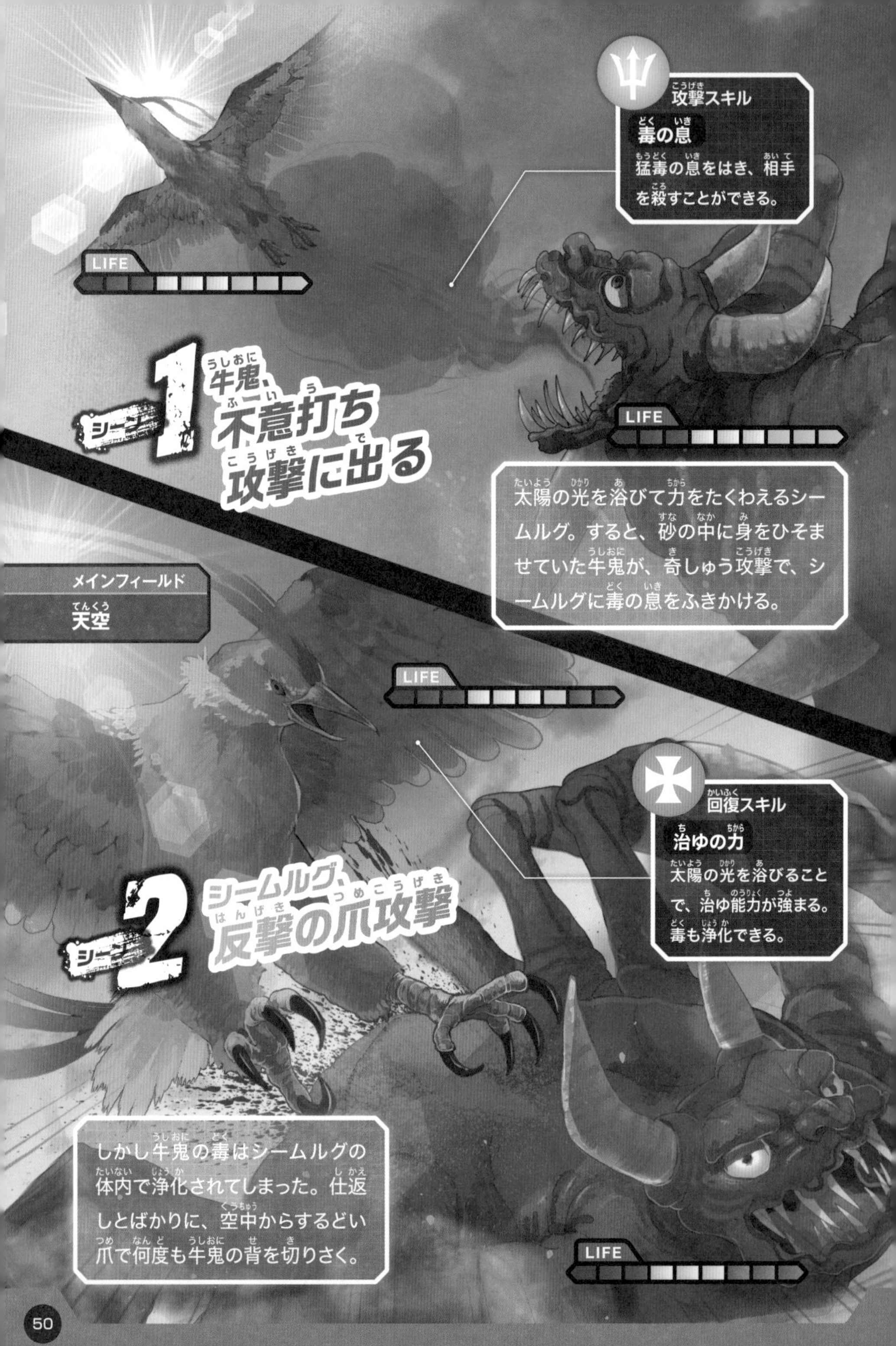

シーン1 牛鬼《うしおに》、不意《ふい》打《う》ち攻撃《こうげき》に出《で》る

攻撃《こうげき》スキル

毒《どく》の息《いき》

猛毒《もうどく》の息《いき》をはき、相手《あいて》を殺《ころ》すことができる。

太陽《たいよう》の光《ひかり》を浴《あ》びて力《ちから》をたくわえるシームルグ。すると、砂《すな》の中《なか》に身《み》をひそませていた牛鬼《うしおに》が、奇《き》しゅう攻撃《こうげき》で、シームルグに毒《どく》の息《いき》をふきかける。

メインフィールド

天空《てんくう》

シーン2 シームルグ、反撃《はんげき》の爪攻撃《つめこうげき》

回復《かいふく》スキル

治《ち》ゆの力《ちから》

太陽《たいよう》の光《ひかり》を浴《あ》びることで、治《ち》ゆ能力《のうりょく》が強《つよ》まる。毒《どく》も浄化《じょうか》できる。

しかし牛鬼《うしおに》の毒《どく》はシームルグの体内《たいない》で浄化《じょうか》されてしまった。仕返《しかえ》しとばかりに、空中《くうちゅう》からするどい爪《つめ》で何度《なんど》も牛鬼《うしおに》の背《せ》を切《き》りさく。

ひん死《し》の牛鬼《うしおに》だが、最後《さいご》の力《ちから》をふりしぼり、頭上《ずじょう》のシームルグ目《め》がけて糸《いと》をはく。牛鬼《うしおに》の霊力《れいりょく》がこめられた糸《いと》は固《かた》く、シームルグの爪《つめ》でもほどけない。身動《みうご》きがとれないまま、シームルグは牛鬼《うしおに》に食《く》われてしまった。

特《とく》しゅスキル

霊力《れいりょく》の糸《いと》

霊力《れいりょく》がこめられた糸《いと》で、敵《てき》の動《うご》きをふうじる。

シーン 3 牛鬼《うしおに》、ひん死《し》の必殺技《ひっさつわざ》

Winner!

勝者《しょう しゃ》 魔獣軍《まじゅうぐん》 **牛鬼《うしおに》**

バトル結果《けっか》

動《うご》きのにぶい牛鬼《うしおに》が不利《ふり》に思《おも》えたが、最後《さいご》は必《ひっ》殺武器《さつぶき》の霊力《れいりょく》の糸《いと》でシームルグをつかまえることに成功《せいこう》。ゆっくりと時間《じかん》をかけて味《あじ》わった。

Battle 第1回戦 15

9つの首《くび》を持《も》つ人面獣《じんめんじゅう》 VS.毒針《どくばり》を持《も》つ人面獣《じんめんじゅう》

全《すべ》てを見通《みとお》す神通力《じんつうりき》

開明獣《かいめいじゅう》

DATA

推定身長《すいていしんちょう》 3m《メートル》

伝承地域《でんしょうちいき》 中国《ちゅうごく》

スキル 神通力《じんつうりき》

分類《ぶんるい》 合成獣《ごうせいじゅう》

猛獣《もうじゅう》にしてハンター

マンティコア

DATA

推定身長《すいていしんちょう》 4m《メートル》

伝承地域《でんしょうちいき》 ヨーロッパ

スキル 猛毒《もうどく》の針《はり》

分類《ぶんるい》 合成獣《ごうせいじゅう》

聖獣軍《せいじゅうぐん》

中《ちゅう》国《ごく》の伝説《でんせつ》の楽園《らくえん》「崑崙《こんろん》」にある9つの門《もん》を守《まも》る霊獣《れいじゅう》で、トラの体《からだ》に9つの首《くび》を持《も》つ。門番《もんばん》として、強《つよ》い警《けい》かい心《しん》と高《たか》い戦闘力《せんとうりょく》を備《そな》えている。さらに、全《すべ》てを見《み》すかす神通力《じんつうりき》を持《も》ち、次《つぎ》の展開《てんかい》を予測《よそく》しながら戦《たたか》える。

戦力分析《せんりょくぶんせき》

魔獣軍《まじゅうぐん》

人《ひと》の顔《かお》、ライオンの胴体《どうたい》、大《おお》きなサソリの尾《お》をもち、人《ひと》の肉《にく》を好《この》んで食《しょく》す恐《おそ》ろしい怪物《かいぶつ》。高《たか》い魔力《まりょく》から生《う》み出《だ》される無《む》じん蔵《ぞう》の体力《たいりょく》と俊敏《しゅんびん》さで獲物《えもの》を地《ち》の果《は》てまで追《お》いかける。猛毒《もうどく》の針《はり》を発射《はっしゃ》し、遠《とお》くの敵《てき》も一撃《いちげき》で仕留《しと》めることができる。

シーン1 白熱《はくねつ》する格闘戦《かくとうせん》

マンティコアは、爪《つめ》による力強《ちからづよ》い切《き》りさき攻撃《こうげき》をくり出《だ》す。しかし、神通力《じんつうりき》でそれを見切《みき》った開明獣《かいめいじゅう》はかわし、激《はげ》しい近接《きんせつ》での格闘《かくとう》が続《つづ》く。

特《とく》しゅスキル

神通力《じんつうりき》

相手《あいて》の行動《こうどう》・攻撃《こうげき》を予測《よそく》できる。

メインフィールド

森林《しんりん》

シーン2 開明獣《かいめいじゅう》、首《くび》でアタック

開明獣《かいめいじゅう》が、首《くび》の一《ひと》つをふり下《お》ろし、マンティコアの足場《あしば》の岩《いわ》をくだく。体勢《たいせい》をくずしたマンティコアに、開明獣《かいめいじゅう》は別《べつ》の首《くび》でかみつこうとする。

シーン3 マンティコア、とっさの反撃《はんげき》

勝者《しょうしゃ》 魔獣軍《まじゅうぐん》 マンティコア

攻撃《こうげき》スキル

猛毒《もうどく》の針《はり》

尾《お》の先《さき》についた毒針《どくばり》で、刺《さ》された生物《せいぶつ》は、毒《どく》におかされ絶命《ぜつめい》する。

マンティコアは開明獣《かいめいじゅう》の背後《はいご》に尾《お》をのばし、毒針《どくばり》でつき刺《さ》す。マンティコアのとっさの攻撃《こうげき》には、さすがの神通力《じんつうりき》でも読《よ》み切《き》れず、開明獣《かいめいじゅう》は毒《どく》が全身《ぜんしん》にまわって息絶《いきた》えた。

バトル結果《けっか》

開明獣《かいめいじゅう》の神通力《じんつうりき》は便利《べんり》な能力《のうりょく》だが、急《きゅう》な攻撃《こうげき》には予測《よそく》が追《お》いつかなかった。マンティコアが、とっさに発射《はっしゃ》した毒針《どくばり》が、うまく相手《あいて》に刺《さ》さり、劇的《げきてき》な勝利《しょうり》をもたらした。戦《たたか》いでは運《うん》も実力《じつりょく》のうちだ。

すべてを焼《や》きつくす熱風《ねっぷう》 vs.すべてを凍《こお》らせる狂風《きょうふう》

病《やまい》を吹《ふ》き飛《と》ばす守護神《しゅごしん》
パズズ

DATA
推定身長《すいていしんちょう》 3m《メートル》
伝承地域《でんしょうちいき》 メソポタミア
スキル 毒《どく》の熱風攻撃《ねっぷうこうげき》
分類《ぶんるい》 怪物《かいぶつ》

風《かぜ》に乗《の》って現《あらわ》れる死神《しにがみ》
イタカ

DATA
推定身長《すいていしんちょう》 変幻自在《へんげんじざい》
伝承地域《でんしょうちいき》 アメリカ、カナダ
スキル いてつく吹雪《ふぶき》
分類《ぶんるい》 邪神《じゃしん》

聖獣軍《せいじゅうぐん》

古《こ》代《だい》メソポタミア神話《しんわ》に登場《とうじょう》する熱風《ねっぷう》をつかさどる怪物《かいぶつ》。ライオンやワシ、ヘビ、サソリなどの動物《どうぶつ》が合体《がったい》した容姿《ようし》で、ひたいに2本《ほん》のツノを持《も》つ。火《ひ》の嵐《あらし》や竜《たつ》巻《まき》を起《お》こすのが得意技《とくいわざ》。性格《せいかく》は冷《れい》こくだが、風《かぜ》に運《はこ》ばれてくる病《やまい》を防《ふせ》ぐ守護神《しゅごしん》でもある。

戦力分析《せんりょくぶんせき》

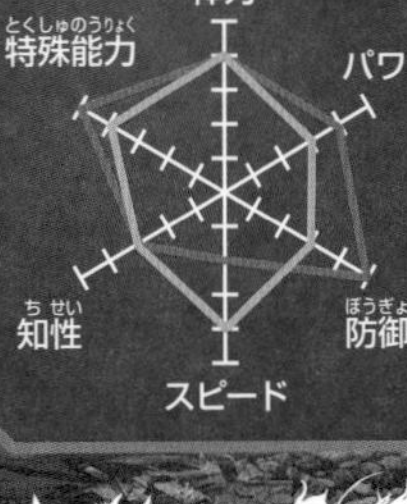

魔獣軍《まじゅうぐん》

ク《》トゥルフ神話《しんわ》に登場《とうじょう》する風《かぜ》の邪神《じゃしん》で、霧《きり》に姿《すがた》を変《か》えて雪山《ゆきやま》を移動《いどう》して人《ひと》をさらう。大気《たいき》を操《あやつ》ることができ、空中《くうちゅう》を地面《じめん》のように歩《ある》いたり、吹雪《ふぶき》や竜巻《たつまき》を起《お》こせる。敵《てき》を空高《そらたか》く巻《ま》き上《あ》げて地面《じめん》にたたきつける攻撃《こうげき》は特《とく》に強力《きょうりょく》だ。

シーン1 パズズの熱風《ねっぷう》がヒット！

攻撃《こうげき》スキル

毒《どく》の熱風攻撃《ねっぷうこうげき》

熱風《ねっぷう》には毒《どく》もふくむため、まともに浴《あ》びれば、たちまち毒《どく》におかされる。

闘争心《とうそうしん》むき出《だ》しのパズスは、噴《ふん》火口《かこう》に向《む》かって次《つぎ》つぎと竜巻《たつまき》をぶつける。マグマを巻《ま》き上《あ》げた熱風《ねっぷう》がイタカをおそう。

メインフィールド

火山《かざん》

シーン2 イタカ、呪文《じゅもん》を唱《とな》え始《はじ》める

攻撃《こうげき》スキル

いてつく吹雪《ふぶき》

高《たか》い魔力《まりょく》で大気《たいき》を操《あやつ》り、吹雪《ふぶき》を起《お》こす。

イタカは、じっと相手《あいて》の攻撃《こうげき》にたえた後《あと》、ゆっくりと呪文《じゅもん》を唱《とな》えて、火《か》山一帯《ざんいったい》に吹雪《ふぶき》を起《お》こし、辺《あた》りをおおいつくす。パズズの熱風《ねっぷう》とイタカの吹雪《ふぶき》が激《はげ》しくぶつかり合《あ》う。

Winner!

勝者《しょうしゃ》 魔獣軍《まじゅうぐん》 イタカ

シーン 3 パズズの魔力《まりょく》が切《き》れてしまう

長《なが》いこう着状態《ちゃくじょうたい》の後《あと》、やがて、前半《ぜんはん》で魔力《まりょく》を使《つか》いすぎたパズズの体力《たいりょく》が切《き》れる。イタカの吹雪《ふぶき》によって、パズズは火山《かざん》ごとこおりついてしまった。

バトル結果《けっか》

パズズとイタカ、風《かぜ》を操《あやつ》る幻獣同士《げんじゅうどうし》の戦《たたか》いで白熱《はくねつ》し、持久戦《じきゅうせん》となった。パズズの自然環境《しぜんかんきょう》をいかした熱風《ねっぷう》は強力《きょうりょく》だったが、序《じょ》ばんに相手《あいて》の体力《たいりょく》を消《しょう》もうさせるイタカの戦略《せんりゃく》が、勝利《しょうり》を引《ひ》き寄《よ》せた。

エキシビジョン Exhibition 01

神《かみ》にもつかまえられない！ 未確認生物《みかくにんせいぶつ》バトル

目《もく》撃談《げきだん》はあるものの、実際《じっさい》に捕獲《ほかく》されることがない最強《さいきょう》の未確認生物《みかくにんせいぶつ》（UMA《ユーマ》）の頂《ちょう》上決戦《じょうけっせん》がここに実現《じつげん》した。

電気《でんき》を帯《お》びた巨大《きょだい》ミミズ モンゴリアン・デスワーム

DATA

推定身長《すいていしんちょう》 1〜3m《メートル》

分布《ぶんぷ》 モンゴル

スキル 毒霧《どくきり》、電撃《でんげき》

分類《ぶんるい》 UMA《ユーマ》

魔獣軍《まじゅうぐん》

ゴビ砂漠《さばく》に生息《せいそく》するとされる巨大《きょだい》ミミズで、体《からだ》の表面《ひょうめん》は真《ま》っ赤《か》で、地中《ちちゅう》をほって移動《いどう》する。食《た》べるのはもっぱら毒性《どくせい》の高《たか》い植物《しょくぶつ》で、体内《たいない》に毒《どく》をためこみ、浴《あ》びたら死《し》にいたる毒霧《どくきり》をふん射《しゃ》する。さらに電気《でんき》をためこむ器官《きかん》もあり、落雷《らくらい》攻撃《こうげき》も放《はな》つ。

赤《あか》き目《め》の吸血《きゅうけつ》UMA《ユーマ》 チュパカブラ

DATA

推定身長《すいていしんちょう》 1〜1.8m《メートル》

分布《ぶんぷ》 南米《なんべい》

スキル 吸血《きゅうけつ》、ホッピング

分類《ぶんるい》 UMA《ユーマ》

魔獣軍《まじゅうぐん》

家《か》ちくや人間《にんげん》から吸血《きゅうけつ》する、南米《なんべい》で目撃《もくげき》される怪物《かいぶつ》。するどい歯《は》で首筋《くびすじ》にかみつき、すべての血《ち》を吸《す》いつくしてしまう。他《ほか》の幻獣《げんじゅう》に比《くら》べて小《こ》がらだが、高《たか》いジャンプ力《りょく》を持《も》ち、空《そら》を飛《と》ぶようにはねて移動《いどう》できる。

戦力分析《せんりょくぶんせき》

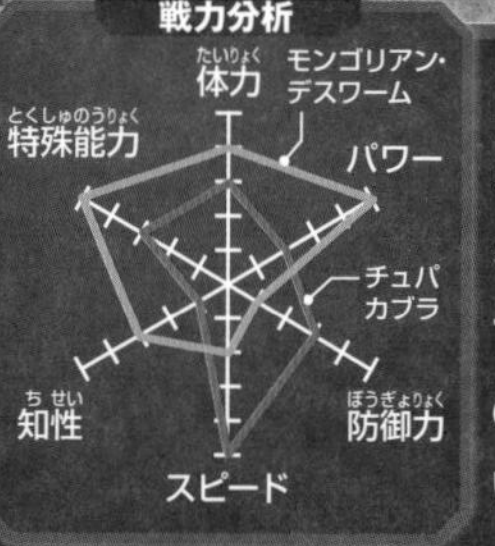

シーン1 モンゴリアン・デスワームは奇《き》しゅう攻撃《こうげき》をしかける！

地中《ちちゅう》からとつ然現《ぜんあらわ》れたモンゴリアン・デスワームが、毒霧《どくきり》をふきかける。チュパカブラは攻撃《こうげき》を察知《さっち》し、高《たか》く飛《と》び上《あ》がりながらさける。

メインフィールド

砂漠《さばく》

攻撃《こうげき》スキル

毒霧《どくきり》

食物《しょくもつ》から取《と》りこんだ毒《どく》を、霧状《きりじょう》にふきかける。

防《ぼう》ぎょスキル

ホッピング

自分《じぶん》の身長《しんちょう》の3倍程度《ばいていど》のちょうやく力《りょく》を持《も》ち、素早《すばや》く移動《いどう》する。

シーン2 チュパカブラのするどい歯《は》がせまる！

ふたたび地中《ちちゅう》にもぐり体勢《たいせい》を整《ととの》えようとしたモンゴリアン・デスワーム。チュパカブラは気配《けはい》を消《け》しながら、相《あい》手《て》の背中《せなか》へととびつく。

攻撃《こうげき》スキル

吸血《きゅうけつ》

敵《てき》にかみつき、体内《たいない》の血液《けつえき》をすべて吸《す》いつくしてしまう。

シーン3 モンゴリアン・デスワームが電気《でんき》で攻撃《こうげき》する！

チュパカブラはするどい歯《は》でモンゴリアン・デスワームの皮《ひ》ふをつきやぶって吸血《きゅうけつ》する。怒《おこ》ったモンゴリアン・デスワームが、体内《たいない》の電気《でんき》を一気《いっき》に放電《ほうでん》する。かみついたチュパカブラは、逃《に》げられず感《かん》電死《でんし》してしまった。

Winner!

勝者《しょうしゃ》 魔獣軍《まじゅうぐん》 モンゴリアン・デスワーム

LIFE

攻撃《こうげき》スキル

電撃《でんげき》

体内《たいない》にためこんだ電気《でんき》を、一気《いっき》に放出《ほうしゅつ》することができる。

バトル結果《けっか》

目《め》が退化《たいか》し、気配《けはい》を察知《さっち》するのが苦手《にがて》なモンゴリアン・デスワームの背中《せなか》に、チュパカブラがはりついて吸血《きゅうけつ》を開始《かいし》した。しかし、巨大《きょだい》な体《からだ》から血《ち》を吸《す》いつくすには時間《じかん》がかかり、その間《あいだ》にチュパカブラは電撃《でんげき》を受《う》け敗《やぶ》れた。

Battle《バトル》

17 → 24

2回戦《かいせん》

Battle 17
第2回戦

狐《きつね》の洞察力《どうさつりょく》 vs.けむりの幻術士《げんじゅつし》

けむりでまどわす幻影《げんえい》の魔人《まじん》
マーリド

DATA
推定身長《すいていしんちょう》 6m《メートル》
伝承地域《でんしょうちいき》 サウジアラビア
スキル けむりの体《からだ》、血《ち》の黒剣《こっけん》
分類《ぶんるい》 魔人《まじん》

魅惑《みわく》の妖狐《ようこ》
九《きゅう》尾《び》の狐《きつね》

DATA
推定身長《すいていしんちょう》 3m《メートル》
伝承地域《でんしょうちいき》 中国《ちゅうごく》、日本《にほん》
スキル 狐《きつね》の身《み》のこなし
分類《ぶんるい》 妖怪《ようかい》

魔獣軍《まじゅうぐん》

初《しょ》戦《せん》では、得意《とくい》の変化能力《へんげのうりょく》を使《つか》い、大岩《おおいわ》になることで急所《きゅうしょ》をかくしつつ、その重《おも》さでアメミットをふみつぶして勝利《しょうり》した。体力《たいりょく》やパワーの低《ひく》さを、いかに霊力《れいりょく》や知恵《ちえ》でカバーするかが勝負《しょうぶ》のカギとなる。

戦力分析《せんりょくぶんせき》

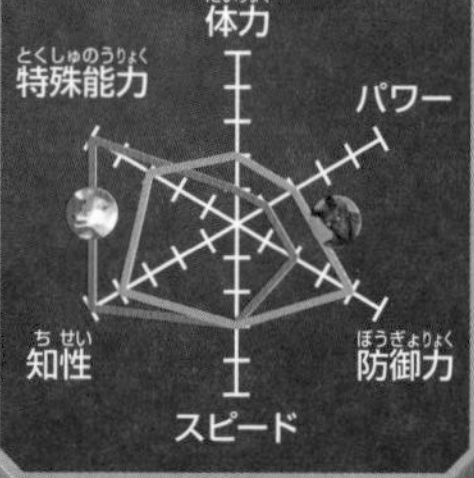

魔獣軍《まじゅうぐん》

魔《ま》力《りょく》でけむりに姿《すがた》を変《か》え、気《き》性《しょう》の荒《あら》いユニコーンを、幻《げん》術《じゅつ》でまどわしながら、必殺《ひっさつ》の大《たい》剣《けん》で仕留《しと》めた。次《つぎ》なる相手《あいて》は、霊力《れいりょく》は高《たか》いが肉弾戦《にくだんせん》は苦手《にがて》な九《きゅう》尾《び》の狐《きつね》だ。今回《こんかい》も必勝《ひっしょう》パターンで勝利《しょうり》をつかみにいく。

シーン1 両者《りょうしゃ》、激《はげ》しいにらみ合《あ》い

けむりとなって相手《あいて》の出方《でかた》をうかがうマーリド。九尾《きゅうび》の狐《きつね》も霊力《れいりょく》をみなぎらせて気《き》を高《たか》める。両者一歩《りょうしゃいっぽ》も引《ひ》かない、霊力《れいりょく》と魔力《まりょく》がぶつかり合《あ》う力比《ちからくら》べが始《はじ》まった。

特《とく》しゅスキル
けむりの体《からだ》
体《からだ》をけむりに変《か》えて攻撃《こうげき》から逃《のが》れることができる。

メインフィールド
砂漠《さばく》

攻撃《こうげき》スキル
血《ち》の黒剣《こっけん》
真《ま》っ黒《くろ》な血《ち》でできた大剣《たいけん》をあやつり斬撃《ざんげき》する。

シーン2 マーリド、ついに動《うご》く

先《さき》に動《うご》いたのはマーリドだ。接近戦《せっきんせん》のほうが有利《ゆうり》と考《かんが》え、大剣《たいけん》を手《て》に間合《まあ》いをつめる。しかし、九《きゅう》尾《び》の狐《きつね》は、マーリドの胸元《むなもと》にキラリと光《ひか》る石《いし》を見逃《みのが》さなかった…。

シーン3 九尾《きゅうび》の狐《きつね》、相手《あいて》の弱点《じゃくてん》を見《み》ぬく

マーリドが大剣《たいけん》をふるしゅん間《かん》を見計《みはか》らい、九尾《きゅうび》の狐《きつね》が相手《あいて》へ飛《と》びかかり、胸《むね》にうめられていた鉱《こう》石《せき》を素早《すばや》くぬき取《と》る。力《ちから》の源《みなもと》を失《うしな》ったマーリドは灰《はい》となりその場《ば》へくずれた。

勝者《しょうしゃ》 魔獣軍《まじゅうぐん》 九尾《きゅうび》の狐《きつね》

攻撃《こうげき》スキル

狐《きつね》の身《み》のこなし

敵《てき》の攻撃《こうげき》よりも素早《すばや》く動《うご》き、先制攻撃《せんせいこうげき》をしかける。

バトル結果《けっか》

両者《りょうしゃ》の霊力《れいりょく》と魔力《まりょく》はごかくのため、長期戦《ちょうきせん》となるかと思《おも》われた。しかし九尾《きゅうび》の狐《きつね》が、マーリドが攻撃《こうげき》をしかけるとき、けむりから実体《じったい》にもどる一《いっ》しゅんの弱点《じゃくてん》をいち早《はや》く見《み》ぬいて完勝《かんしょう》した。

Battle 18
第2回戦

巨大《きょだい》なる監視者《かんししゃ》 VS.光《ひかり》のごとき瞬足《しゅんそく》

天《あま》かける最速馬《さいそくば》
ブラーク

死角《しかく》なき不眠《ふみん》の巨人《きょじん》
アルゴス

DATA
推定身長《すいていしんちょう》 80 m《メートル》
伝承地域《でんしょうちいき》 ギリシャ
スキル 100の目《め》
分類《ぶんるい》 巨人《きょじん》

DATA
推定身長《すいていしんちょう》 2 m《メートル》
伝承地域《でんしょうちいき》 サウジアラビア
スキル 高速移動《こうそくいどう》
分類《ぶんるい》 神獣《しんじゅう》

聖獣軍《せいじゅうぐん》

体中《からだじゅう》に100の目《め》を持《も》つ巨人《きょじん》アルゴスは、全方位《ぜんほうい》を警《けい》かいできるため死角《しかく》がない。そんな特《とく》ちょうを生《い》かしながら、ケルベロスの弱点《じゃくてん》をついて、初戦《しょせん》を勝《か》ち上《あ》がった。次《つぎ》なる相手《あいて》は、幻獣界最速《げんじゅうかいさいそく》をほこるブラークだ。巨人《きょじん》のパワーと、馬《うま》のスピードが、ぶつかり合《あ》う。

戦力分析《せんりょくぶんせき》

聖獣軍《せいじゅうぐん》

持《も》ち前《まえ》のスピードで立《た》ち回《まわ》り、グリフォンのすきをねらった攻撃《こうげき》で、1回戦《かいせん》を勝利《しょうり》した。2回戦《かいせん》の相手《あいて》アルゴスは、パワーや体格差《たいかくさ》では圧《あっ》とう的《てき》な力《ちから》の差《さ》のある相手《あいて》だが、スピードを生《い》かした戦法《せんぽう》で勝利《しょうり》をつかみにいく。

シーン1 アルゴス、ブラークをねらう

草原《そうげん》をかけるブラークをつかみ上《あ》げようとするアルゴス。しかし、危険《きけん》を察知《さっち》したブラークは、足《あし》の翼《つばさ》で加速《かそく》しながら飛《と》び立《た》ち、攻撃《こうげき》をかわす。

特《とく》しゅスキル

高速移動《こうそくいどう》

フィールドを一瞬《いっしゅん》で移《い》動《どう》できるほど高速《こうそく》だ。

メインフィールド

草原《そうげん》

防《ぼう》ぎょスキル

100の目《め》

100の目《め》で見《み》わたし、死角《しかく》を作《つく》らない。

シーン2 ブラーク、高速《こうそく》で飛《と》び回《まわ》る

ブラークは高速移動《こうそくいどう》でアルゴスのまわりを飛《と》び回《まわ》る。ブラークの移動速《いどうそく》度《ど》にアルゴスの脳《のう》の処理《しょり》はついていけず、アルゴスの目《め》には何体《なんたい》ものブラークの残像《ざんそう》が見《み》えてしまう。

シーン3 ブラーク、残像《ざんぞう》でほんろうする

アルゴスは全《すべ》ての目《め》を開眼《かいがん》し、ブラークの本体《ほんたい》を見《み》つけ出《だ》そうとするが、残像《ざんぞう》は増《ふ》える一方《いっぽう》だ。とうとう目《め》が回《まわ》って、アルゴスはその場《ば》にたおれこみ、大《おお》きな地《じ》ひびきが辺《あた》りをつつみこんだ。

バトル結果《けっか》

100の目《め》を持《も》ち、視野《しや》の広《ひろ》いアルゴスの特技《とくぎ》を逆手《さかて》にとって、ブラークが圧《あっ》とう的《てき》なスピードでほんろうした。ついに、アルゴスはさく乱状態《らんじょうたい》におちいり、ダウンしてしまった。

マグマの怪物《かいぶつ》 VS.燃《も》えさかる不死鳥《ふしちょう》

邪悪《じゃあく》なる火山《かざん》の巨人《きょじん》 チェルフェ

DATA

推定身長《すいていしんちょう》 100 m《メートル》

伝承地域《でんしょうちいき》 アルゼンチン、チリ

スキル マグマの火球《かきゅう》、大噴火《だいふんか》

分類《ぶんるい》 怪物《かいぶつ》

再生《さいせい》をくり返《かえ》す火《ひ》の鳥《とり》 フェニックス

DATA

推定身長《すいていしんちょう》 8 m《メートル》

伝承地域《でんしょうちいき》 エジプト

スキル 不死《ふし》の能力《のうりょく》、炎《ほのお》のヤリ

分類《ぶんるい》 怪物《かいぶつ》

魔獣軍《まじゅうぐん》

相手《あいて》の戦略《せんりゃく》をものともしない、破《は》かい的《てき》なマグマのパワーで初戦《しょせん》の敵《てき》をねじふせた。2回戦《かいせん》の相手《あいて》であるフェニックスは、炎《ほのお》の力《ちから》を宿《やど》す、復活能力《ふっかつのうりょく》を持《も》つ不死《ふし》の鳥《とり》だ。炎《ほのお》を源《みなもと》にする同《おな》じ属性《ぞくせい》の2匹《ひき》が、真《ま》っ正面《しょうめん》からぶつかり合《あ》う。

戦力分析《せんりょくぶんせき》

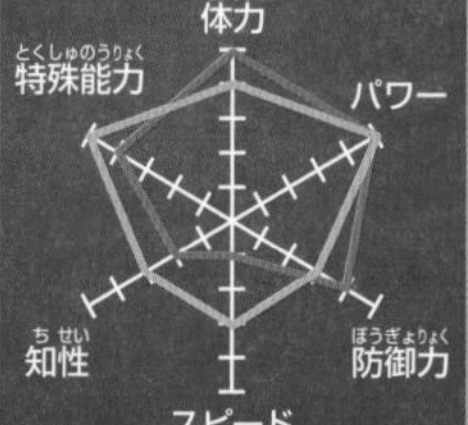

聖獣軍《せいじゅうぐん》

変身能力《へんしんのうりょく》、攻撃吸収《こうげききゅうしゅう》など、やっかいな特《とく》しゅスキルを合《あ》わせ持《も》つグールを、初戦《しょせん》では圧《あっ》とう的《てき》な火力《かりょく》で焼《や》き払《はら》い勝利《しょうり》した。次《つぎ》なる対戦相手《たいせんあいて》のチェルフェは、同《おな》じ火属性《ひぞくせい》であり、火力《かりょく》もほぼごかくというやりづらい強敵《きょうてき》だ。

シーン1 フェニックスが火球《かきゅう》に撃《う》ち落《お》とされる

攻撃《こうげき》スキル
マグマの火球《かきゅう》

マグマでできた火球《かきゅう》をごうわんで投《な》げる。

メインフィールド
火山《かざん》

チェルフェは、ゆうがに空中《くうちゅう》をせん回《かい》するフェニックスに、マグマを固《かた》めた火球《かきゅう》を投《な》げて攻撃《こうげき》する。豪速《ごうそっ》球《きゅう》はフェニックスの腹《はら》に命中《めいちゅう》し、フェニックスは撃《う》ち落《お》とされる。

シーン2 フェニックス、マグマに焼《や》かれて復活《ふっかつ》！

フェニックスは、つい落《らく》して火山《かざん》へと落下《らっか》する。しかし、マグマで体《からだ》を燃《も》やすことで、傷《きず》を治《ち》ゆさせ復活《ふっかつ》する。

回復《かいふく》スキル
不死《ふし》の能力《のうりょく》

炎《ほのお》に焼《や》かれることで、全盛期《ぜんせいき》の年齢《ねんれい》まで若返《わかがえ》るため、復活前《ふっかつまえ》よりもパワーが増《ま》す。

シーン3 フェニックスがチェルフェの頭部《とうぶ》をふんさい

攻撃《こうげき》スキル
炎《ほのお》のヤリ
燃《も》えさかる炎《ほのお》をまといながら、クチバシをつき立《た》ててとっ進《しん》する。

攻撃《こうげき》スキル
大噴火《だいふんか》
マグマの力《ちから》を操《あやつ》って、火山《かざん》を噴火《ふんか》させる。

勝者《しょうしゃ》 聖獣軍《せいじゅうぐん》 フェニックス

チェルフェは大噴火《だいふんか》を起《お》こす。フェニックスは噴石《ふんせき》をよけながらとっ進《しん》する技《わざ》「炎《ほのお》のヤリ」で、チェルフェの頭部《とうぶ》をくだき、戦闘不能《せんとうふのう》にする。

バトル結果《けっか》

チェルフェは、得意《とくい》の火球攻撃《かきゅうこうげき》で、フェニックスをひん死《し》の状態《じょうたい》にまで追《お》いこむ。しかし、マグマによってフェニックスが復活《ふっかつ》&パワーアップし、逆転《ぎゃくてん》の勝利《しょうり》をつかんだ。

最恐《さいきょう》の武人《ぶじん》 VS. 不死《ふし》の獣《けもの》の王《おう》

武勇《ぶゆう》を司《つかさど》る百獣《ひゃくじゅう》の王《おう》 白虎《びゃっこ》

DATA

推定身長《すいていしんちょう》 6 m《メートル》
伝承地域《でんしょうちいき》 中国《ちゅうごく》
スキル 狩猟能力《しゅりょうのうりょく》

分類《ぶんるい》 神獣《しんじゅう》

知略《ちりゃく》あふれる怪力《かいりき》グマ ジャンバヴァン

DATA

推定身長《すいていしんちょう》 3 m《メートル》
伝承地域《でんしょうちいき》 インド
スキル 超能力《ちょうのうりょく》

分類《ぶんるい》 獣人《じゅうじん》

聖獣軍《せいじゅうぐん》

宿敵《しゅくてき》である四凶《しきょう》の檮杌《とうこつ》に先手《せんて》を取《と》られるも、殺傷力《さっしょうりょく》のあるかみつきを決《き》めきって勝利《しょうり》を手《て》にした。今回《こんかい》の敵《てき》は知略《ちりゃく》に長《た》けたジャンバヴァンだが、身体能力《しんたいのうりょく》では白虎《びゃっこ》に分《ぶ》がある。相手《あいて》のすきをついた攻撃《こうげき》で、勝利《しょうり》への道《みち》を切《き》り開《ひら》け。

戦力分析《せんりょくぶんせき》

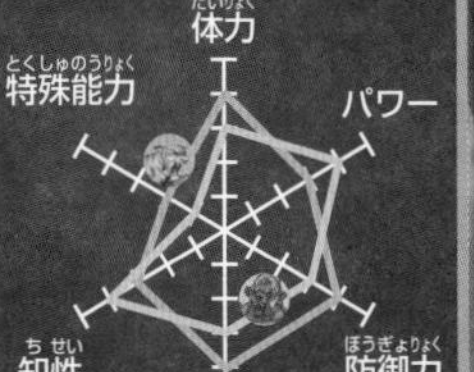

聖獣軍《せいじゅうぐん》

初戦《しょせん》では、粗暴《そぼう》なゾウ、クヴァラヤーピーダの猛進《もうしん》を受《う》け、危《あや》うい場面《ばめん》もあった。しかし、不死《ふし》の力《ちから》によって絶命《ぜつめい》はまぬがれ勝利《しょうり》した。次《つぎ》なる敵《てき》は四神獣《しんじゅう》の白虎《びゃっこ》。強敵《きょうてき》だが、万全《ばんぜん》の戦略《せんりゃく》と神《かみ》の加護《かご》による不死《ふし》の力《ちから》でいどむ。

1 白虎《びゃっこ》、ジャンバヴァンに飛《と》びかかる

攻撃《こうげき》スキル

狩猟能力《しゅりょうのうりょく》

獲物《えもの》に接近《せっきん》すると、強《きょう》じんな前足《まえあし》の筋力《きんりょく》とするどい爪《つめ》で敵《てき》をおさえつける。

白虎《びゃっこ》は脚力《きゃくりょく》を生《い》かし、勢《いきお》いよくジャンバヴァンへ飛《と》びかかった。白虎《びゃっこ》の瞬発力《しゅんぱつりょく》にジャンバヴァンは反応《はんのう》できず、地面《じめん》におさえつけられてしまう。

メインフィールド

荒《あ》れ地《ち》

白虎《びゃっこ》は勢《いきお》いそのままに、ジャンバヴァンにかみつこうとするが、ジャンバヴァンはガダで白虎《びゃっこ》のキバを受《う》け流《なが》し、逃《のが》れる。両者一歩《りょうしゃいっぽ》もゆずらぬ肉弾戦《にくだんせん》が続《つづ》く。しだいに雲行《くもゆ》きが怪《あや》しくなり、大雨《おおあめ》になる。

2 両者《りょうしゃ》、激《はげ》しい肉弾戦《にくだんせん》にとつ入《にゅう》

シーン3 ジャンバヴァンが仕《し》かけたわな

雨雲《あまぐも》は、ひそかにジャンバヴァンが超《ちょう》能力《のうりょく》で呼《よ》び寄《よ》せたもの。大雨《おおあめ》で視界《しかい》が悪《わる》い中《なか》、ジャンバヴァンが白虎《びゃっこ》に近《ちか》づき、はんらんする川《かわ》へつき落《お》とす。白《びゃっ》虎《こ》はだく流《りゅう》にのまれてしまった。

Winner!

勝者《しょうしゃ》 聖獣軍《せいじゅうぐん》 ジャンバヴァン

特《とく》しゅスキル

超能力《ちょうのうりょく》

天候《てんこう》を操作《そうさ》し、戦《せん》きょうを有利《ゆうり》に運《はこ》ぶことができる。

バトル結果《けっか》

真正面《ましょうめん》からぶつかっていく白虎《びゃっこ》に対《たい》して、ジャンバヴァンは攻撃《こうげき》にたえながら、ひそかに天候操作《てんこうそうさ》の能力《のうりょく》を生《い》かして作戦《さくせん》を進行《しんこう》していた。綿密《めんみつ》な策略《さくりゃく》で、ジャンバヴァンが勝利《しょうり》を手《て》にした。

Battle 21
第2回戦

反骨《はんこつ》の荒《あら》くれ者《もの》 VS.発光《はっこう》する大蛇《だいじゃ》

武神《ぶしん》にして反乱者《はんらんしゃ》
蚩《し》尤《ゆう》

飛来《ひらい》する炎《ほのお》の大蛇《だいじゃ》
ボイタタ

DATA

推定身長《すいていしんちょう》 4 m《メートル》
伝承地域《でんしょうちいき》 中国《ちゅうごく》
スキル 超能力《ちょうのうりょく》、投《な》げヤリ
分類《ぶんるい》 異形《いぎょう》

DATA

推定身長《すいていしんちょう》 15～20 m《メートル》
伝承地域《でんしょうちいき》 ブラジル、アルゼンチン、パラグアイ
スキル 聖《せい》なる炎《ほのお》
分類《ぶんるい》 妖怪《ようかい》

魔獣軍《まじゅうぐん》

武《ぶ》器開発者《きかいはつしゃ》であり、6本《ぽん》のうでからくり出《だ》される、優《すぐ》れた武器《ぶき》による必殺攻撃《ひっさつこうげき》で、首《くび》のない女騎士《おんなきし》デュラハンを撃沈《げきちん》させた。次《つぎ》の対戦相手《たいせんあいて》ボイタタは、発光能力《はっこうのうりょく》を持《も》つやっかいな相手《あいて》だが、有利《ゆうり》な武器《ぶき》を使《つか》いながら、攻略《こうりゃく》を目指《めざ》す。

戦力分析《せんりょくぶんせき》

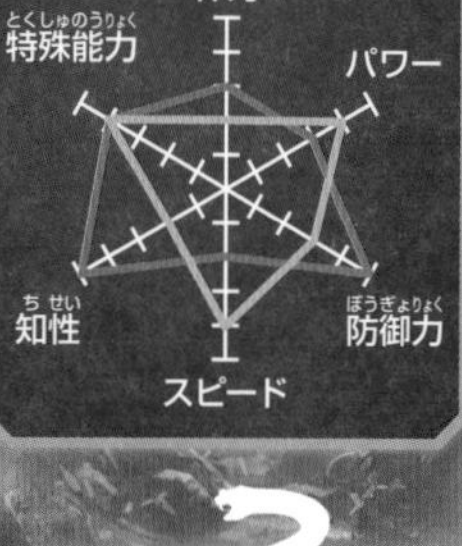

聖獣軍《せいじゅうぐん》

初《しょ》戦《せん》では、島《しま》のように大《おお》きな海翁《かいおう》を相手《あいて》に、聖《せい》なる炎《ほのお》による発光能力《はっこうのうりょく》でダウンさせ、見事勝利《みごとしょうり》した。今回《こんかい》の相手《あいて》・蚩《し》尤《ゆう》は、攻撃方法《こうげきほうほう》が多彩《たさい》な強敵《きょうてき》だが、特技《とくぎ》のスピードと聖《せい》なる炎《ほのお》の力《ちから》を生《い》かし切《き》れば、勝機《しょうき》は十分《じゅうぶん》にある。

シーン1 ボイタタ、発光《はっこう》する

攻撃《こうげき》スキル

聖《せい》なる炎《ほのお》

体《からだ》を丸《まる》めることで、相手《あいて》が失神《しっしん》するほどのまばゆい光《ひかり》を放《はな》つことができる。

蚩尤《しゆう》は、空《そら》を舞《ま》うボイタタに弓矢《ゆみや》で攻撃《こうげき》する。ボイタタは身《み》を守《まも》るように丸《まる》まり、巨大《きょだい》な火《ひ》の玉《たま》となって、激《はげ》しく発光《はっこう》する。

メインフィールド

火山《かざん》

シーン2 蚩尤《しゆう》、超能力《ちょうのうりょく》を発動《はつどう》

蚩尤《しゆう》が超能力《ちょうのうりょく》により天候《てんこう》を操作《そうさ》する。あたりは霧《きり》に包《つつ》まれ、ボイタタの閃光《せんこう》は、拡散《かくさん》されて弱《よわ》まってしまった。

攻撃《こうげき》スキル

超能力《ちょうのうりょく》

天候《てんこう》を自由《じゆう》に操《あやつ》ることができる。

シーン3 蚩尤《しゆう》の連続《れんぞく》ヤリ攻撃《こうげき》

Winner!

勝者《しょうしゃ》 魔獣軍《まじゅうぐん》 蚩尤《しゆう》

攻撃《こうげき》スキル

投《な》げヤリ

するどいヤリを、6本《ぼん》のうでで、次《つぎ》から次《つぎ》へと連続《れんぞく》で投《な》げつける。

蚩尤《しゆう》は複数《ふくすう》のうでを使《つか》い、ボイタタ目《め》がけて次《つぎ》つぎにヤリを投《な》げていく。勝《か》ち目《め》がないとさとったボイタタは、ヤリをさけるようにせん回《かい》し、飛《と》び去《さ》って逃《に》げてしまった。

バトル結果《けっか》

霧《きり》によってボイタタの閃光《せんこう》を弱《よわ》めた蚩尤《しゆう》は、戦《たたか》いを有利《ゆうり》に運《はこ》んでいった。最後《さいご》は、連続《れんぞく》の投《な》げヤリ攻撃《こうげき》によって、戦《たたか》う気持《きも》ちをなえさせ、ボイタタを逃走《とうそう》させた。

森《もり》を操《あやつ》る者《もの》 VS. 森《もり》を支配《しはい》する獣《けもの》

恐《おそ》るべき森《もり》の番人《ばんにん》 フンババ

DATA

推定身長《すいていしんちょう》 10 m《メートル》

伝承地域《でんしょうちいき》 メソポタミア

スキル 死《し》の息《いき》、魔法《まほう》の森《もり》

分類《ぶんるい》 怪物《かいぶつ》

聖獣軍《せいじゅうぐん》

陰《いん》と陽《よう》の一対《いっつい》のオオカミ ゲリとフレキ

DATA

推定身長《すいていしんちょう》 4 m《メートル》

伝承地域《でんしょうちいき》 北欧《ほくおう》

スキル コンビネーション

分類《ぶんるい》 神獣《しんじゅう》

聖獣軍《せいじゅうぐん》

木《き》を操《あやつ》るレーシーの魔法《まほう》で、枝《えだ》にとらえられピンチにおちいったものの、最後《さいご》は聖《せい》なる火《か》炎《えん》の攻撃《こうげき》で逆転勝利《ぎゃくてんしょうり》をつかんだ。2回戦《かいせん》では、2匹《ひき》のオオカミのやっかいなコンビネーション攻撃《こうげき》に、どのように対応《たいおう》するかがポイントだ。

戦力分析《せんりょくぶんせき》

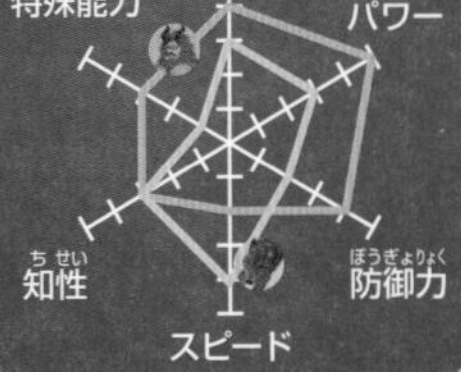

巨《きょ》大《だい》なオオカミ・フェンリルを、コンビネーション攻撃《こうげき》でほんろうし、ダウンさせた。今回《こんかい》の相手《あいて》は、体力《たいりょく》とパワーに優《すぐ》れるフンババだ。2匹《ひき》でおたがいを高《たか》めあうコンビネーションを発揮《はっき》し、いかに相手《あいて》の体力《たいりょく》をけずるかで勝機《しょうき》が見《み》えてくる。

シーン1 ゲリとフレキ、勝負《しょうぶ》を決《き》めにかかる

体力《たいりょく》では不利《ふり》と感《かん》じたゲリとフレキは、両側《りょうがわ》からフンババをはさみ、かみつき攻撃《こうげき》で一気《いっき》にかたをつけようとする。

攻撃《こうげき》スキル

コンビネーション

2匹《ひき》は、おたがいに意思《いし》そ通《つう》をしながら、効果的《こうかてき》に攻撃《こうげき》を展開《てんかい》していく。

メインフィールド

森《もり》

シーン2 フンババの毒霧《どくきり》がヒット！

フンババは、2匹《ひき》を怪力《かいりき》ではじき飛《と》ばすと、毒霧《どくきり》をふいて、それぞれ逆《ぎゃく》の方向《ほうこう》へ追《お》いはらった。

攻撃《こうげき》スキル

死《し》の息《いき》

毒霧《どくきり》の息《いき》をふきかけることで、浴《あ》びたものに死《し》を与《あた》える。

フンババは、魔法《まほう》をかけた森《もり》に2匹《ひき》を閉《と》じこめ、毒《どく》の霧《きり》をはき続《つづ》ける。引《ひ》きはなされたゲリとフレキは、おたがいを探《さが》し回《まわ》っているうちに、毒《どく》が回《まわ》って息《いき》絶《た》えてしまった。

シーン3 ゲリとフレキ、魔法《まほう》の森《もり》にはまる

Winner!

勝者《しょうしゃ》 聖獣軍《せいじゅうぐん》 フンババ

攻撃《こうげき》スキル

魔法《まほう》の森《もり》

森《もり》を操《あやつ》ることで迷路《めいろ》を作《つく》り、敵《てき》を閉《と》じこめる。

バトル結果《けっか》

体力差《たいりょくさ》を考《こう》りょしたゲリとフレキの作戦《さくせん》は悪《わる》くはなかったが、2匹《ひき》は分断《ぶんだん》されてしまうとたちまち弱《よわ》くなる。戦《たたか》いなれていたフンババの戦法《せんぽう》が上回《うわまわ》ったといえる。

Battle 23
第2回戦

太陽《たいよう》の獅子《しし》 VS.暗黒《あんこく》の鬼《おに》

招《まね》かれざる海獣《かいじゅう》

牛鬼《うしおに》

DATA

推定身長《すいていしんちょう》 8 m《メートル》
伝承地域《でんしょうちいき》 日本《にほん》
スキル 闇《やみ》の気配《けはい》
分類《ぶんるい》 妖怪《ようかい》

魔獣特攻《まじゅうとっこう》の魔術師《まじゅつし》

バロン

DATA

推定身長《すいていしんちょう》 3 m《メートル》
伝承地域《でんしょうちいき》 インドネシア バリ島《とう》
スキル 衝撃波《しょうげきは》、悪霊退散《あくりょうたいさん》の魔術《まじゅつ》
分類《ぶんるい》 神獣《しんじゅう》

聖獣軍《せいじゅうぐん》

前回《ぜんかい》の戦《たたか》いでは、怪鳥《かいちょう》アンズーの激《はげ》しい攻撃《こうげき》をかわしながら、一撃必殺《いちげきひっさつ》のビームを浴《あ》びせることに成功《せいこう》して勝利《しょうり》をつかんだ。今回《こんかい》は、相手《あいて》の牛鬼《うしおに》に有利《ゆうり》な暗黒《あんこく》のフィールドでの戦《たたか》いとなるが、いかに本来《ほんらい》の力《ちから》を発揮《はっき》するかが勝利《しょうり》への道《みち》となる。

戦力分析《せんりょくぶんせき》

魔獣軍《まじゅうぐん》

初戦《しょせん》では、神獣《しんじゅう》シームルグに対《たい》し、得意《とくい》の毒攻撃《どくこうげき》が無効化《むこうか》されてしまったが、武器《ぶき》の霊力《れいりょく》の糸《いと》で相手《あいて》をからめ取《と》り、勝利《しょうり》をつかんだ。今回《こんかい》は、暗黒《あんこく》フィールドの利《り》を生《い》かし、闇《やみ》のパワーを増《ぞう》ふくさせながら、神獣《しんじゅう》バロンにいどむ。

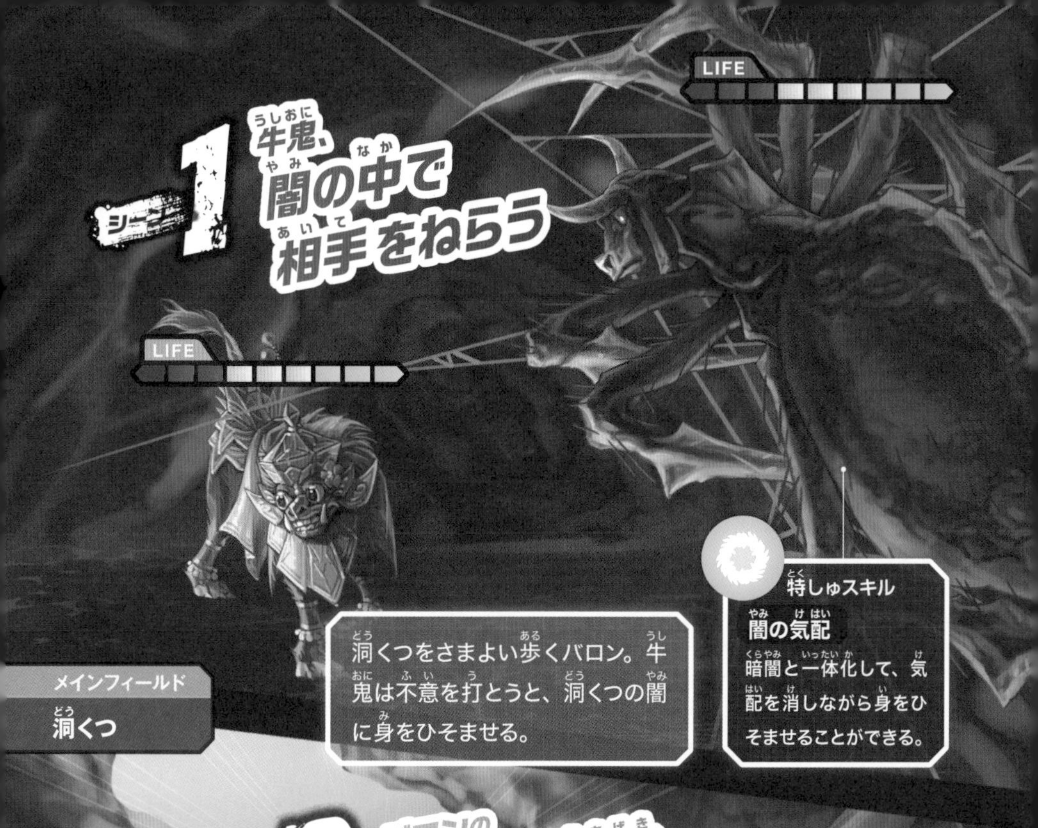

シーン1
牛鬼《うしおに》、闇《やみ》の中《なか》で相手《あいて》をねらう

洞《どう》くつをさまよい歩《ある》くバロン。牛《うし》鬼《おに》は不《ふ》意《い》を打《う》とうと、洞《どう》くつの闇《やみ》に身《み》をひそませる。

メインフィールド
洞《どう》くつ

特《とく》しゅスキル
闇《やみ》の気配《けはい》
暗闇《くらやみ》と一体《いったい》化《か》して、気《け》配《はい》を消《け》しながら身《い》をひそませることができる。

シーン2
バロンの強《きょう》れつな一撃《いちげき》

バロンは敵《てき》を探《さが》すのをやめ、天《てん》井《じょう》めがけて衝撃波《しょうげきは》を打《う》ちこむ。すると、破《は》かいされた天井《てんじょう》から光《ひかり》が差《さ》しこみ、牛鬼《うしおに》の姿《すがた》があらわになる。

攻撃《こうげき》スキル
衝撃波《しょうげきは》
聖《せい》なる力《ちから》で、強《きょう》れつな波動《はどう》を発《はっ》することができる。

シーン3 牛鬼《うしおに》、魔術《まじゅつ》にかかる

バロンは太陽《たいよう》の力《ちから》を使《つか》い、牛鬼《うしおに》に悪霊退散《あくりょうたいさん》の魔術《まじゅつ》をかけた。牛鬼《うしおに》は苦《くる》しみもだえ、洞《どう》くつから逃《に》げ出《だ》してしまった。

特《とく》しゅスキル

悪霊退散《あくりょうたいさん》の魔術《まじゅつ》

太陽《たいよう》の光《ひかり》を浴《あ》びることで聖《せい》なる力《ちから》を増《ぞう》ふくし、悪霊《あくりょう》を退散《たいさん》する魔術《まじゅつ》を放《はな》った。

バトル結果《けっか》

フィールドの闇《やみ》をうまく活用《かつよう》した牛鬼《うしおに》だったが、バロンは力技《ちからわざ》でフィールドの不利《ふり》を打《う》ち消《け》してしまった。聖《せい》なる力《ちから》を得《え》たバロンの圧勝《あっしょう》という結果《けっか》に終《お》わった。

猛毒《もうどく》ハンター VS.狂風《きょうふう》の化身《けしん》

風《かぜ》に乗《の》って現《あらわ》れる死神《しにがみ》 イタカ

DATA

推定身長《すいていしんちょう》 変幻自在《へんげんじざい》
伝承地域《でんしょうちいき》 アメリカ、カナダ
スキル いてつく吹雪《ふぶき》、天空落《てんくうお》とし
分類《ぶんるい》 邪神《じゃしん》

猛獣《もうじゅう》にしてハンター マンティコア

DATA

推定身長《すいていしんちょう》 4m《メートル》
伝承地域《でんしょうちいき》 ヨーロッパ
スキル 猛毒《もうどく》の針《はり》
分類《ぶんるい》 合成獣《こうせいじゅう》

魔獣軍《まじゅうぐん》

1回戦《かいせん》では、開明獣《かいめいじゅう》の予知能力《よちのうりょく》を野生《やせい》の防衛本能《ぼうえいほんのう》で打《う》ちくだいた。次《つぎ》なる相手《あいて》は、風《かぜ》を自由自在《じゆうじざい》に操《あやつ》るイタカだ。特《とく》しゅ能力《のうりょく》はかなり手《て》ごわいが、自《じ》まんの体力《たいりょく》でねばり強《づよ》くせまり、毒針《どくばり》の一撃必殺《いちげきひっさつ》をねらう。

戦力分析

魔獣軍《まじゅうぐん》

初戦《しょせん》では、不利《ふり》な火山《かざん》フィールドをものともせず、パズズの熱風《ねっぷう》を、冷気《れいき》の力《ちから》でねじふせた。今回《こんかい》も、物理攻撃《ぶつりこうげき》が効《き》きづらい霧《きり》の体《からだ》と、圧《あっ》とう的《てき》な風《かぜ》をあやつる魔力《まりょく》を使《つか》って戦《たたか》う。その冷《つめ》たい風《かぜ》は、敵《てき》の戦意《せんい》もこおりつかせてしまうだろう。

冷気《れいき》をまとったイタカが、ゆったりとマンティコアの方《ほう》へ歩《あゆ》み寄《よ》る。警《けい》かいしたマンティコアは、イタカに対《たい》して猛毒《もうどく》の針《はり》を発射《はっしゃ》する。

シーン1 マンティコア、警《けい》かいしながら先制攻撃《せんせいこうげき》

攻撃《こうげき》スキル

猛毒《もうどく》の針《はり》

弾丸《だんがん》のように毒針《どくばり》を発射《はっしゃ》し、刺《さ》さった生物《せいぶつ》に猛毒《もうどく》を注入《ちゅうにゅう》することができる。

メインフィールド

火山《かざん》

イタカは大気《たいき》を操《あやつ》って風《かぜ》を起《お》こし、毒針《どくばり》をはじきとばす。ふきつけた冷気《れいき》は、沼《ぬま》をこおらせてしまう。足元《あしもと》がこおりついたマンティコアは、身動《みうご》きが取《と》れなくなる。

シーン2 イタカの吹雪《ふぶき》で沼地《ぬまち》が氷結《ひょうけつ》！

攻撃《こうげき》スキル

いてつく吹雪《ふぶき》

吹雪《ふぶき》を起《お》こすことで、すべてのものをこおらせる。

シーン3 イタカ、圧《あっ》とう的《てき》な攻撃《こうげき》

攻撃《こうげき》スキル

天空落《てんくうお》とし

天空《てんくう》へ高《たか》く放《ほう》り上《あ》げて、地面《じめん》にたたきつける。

Winner!

勝者《しょうしゃ》 魔獣軍《まじゅうぐん》 **イタカ**

マンティコアは、サソリの尻尾《しっぽ》の針《はり》を沼《ぬま》に発射《はっしゃ》し、氷《こおり》をくだいて脱出《だっしゅつ》に成功《せいこう》する。しかし頭上《ずじょう》からのびてきたイタカのうでにつかみ上げられる。さらに、風《かぜ》がふき荒《あ》れる天空《てんくう》へと放《ほう》り投げられたマンティコアは、地面《じめん》に激《はげ》しくたたきつけられ絶命《ぜつめい》した。

バトル結果《けっか》

冷気《れいき》をたくみに操《あやつ》り、相手《あいて》の動《うご》きをふうじながら、着実《ちゃくじつ》に追《お》いつめていくイタカ。それに対《たい》して、マンティコアは最後《さいご》までていこうしたが、力《ちから》の差《さ》をうめることはできなかった。

幻獣《げんじゅう》の特《とく》しゅ能力《のうりょく》

幻獣《げんじゅう》は身体能力《しんたいのうりょく》が高《たか》いだけでなく、特《とく》しゅな能力《のうりょく》を持《も》っている場合《ばあい》がほとんどです。そんな幻獣《げんじゅう》たちの特《とく》しゅ能力《のうりょく》の中《なか》で、特《とく》に強力《きょうりょく》な能力《のうりょく》を持《も》っているものを、ランキングで紹介《しょうかい》します。

飛行能力《ひこうのうりょく》

翼《つばさ》や特《とく》しゅ能力《のうりょく》を使《つか》って空《そら》を飛《と》ぶ飛行能力《ひこうのうりょく》は、多《おお》くの幻獣《げんじゅう》が持《も》っているスタンダードな力《ちから》だ。ただし、移動速度《いどうそくど》や飛行技術《ひこうぎじゅつ》は、それぞれの幻獣《げんじゅう》でまちまちだ。バトルとなると、相手《あいて》の動《うご》きに対応《たいおう》しきれる機動力《きどうりょく》が重要《じゅうよう》になってくる。

1 プラーク（P17）
2 ボイタタ（P37）
3 獬豸《かいち》（P96）

閃光《せんこう》、邪視《じゃし》など

目《め》の力《ちから》を利用《りよう》して発動《はつどう》する特《とく》しゅ能力《のうりょく》で、幻獣《げんじゅう》ごとに内容《ないよう》はさまざま。目《め》から光《ひかり》を放《はな》って弱《よわ》い敵《てき》を一度《いちど》にたおしたり、相手《あいて》に呪《のろ》いをかけて弱《よわ》らせて力《ちから》を吸《す》い取《と》ったり、相手《あいて》の能力《のうりょく》をさぐったり、幅広《はばひろ》い能力《のうりょく》がある。

1 フェニックス（P23）
2 開明獣《かいめいじゅう》（P52）
3 アメミット（P8）

天候操作《てんこうそうさ》

天気《てんき》をコントロールできる能力《のうりょく》。視界《しかい》をさえぎる霧《きり》を発生《はっせい》させたり、雷雲《らいうん》を呼《よ》び寄《よ》せていなずまを落《お》としたり、風《かぜ》を操《あやつ》って暴風《ぼうふう》を起《お》こしたりすることで戦《せん》きょうを有利《ゆうり》に運《はこ》ぶことができる。この能力《のうりょく》を持《も》つ幻獣《げんじゅう》は、いち早《はや》く自分《じぶん》が有利《ゆうり》な環境《かんきょう》を整《ととの》えることで勝利《しょうり》へとつなげている。

1 蚩尤《しゆう》（P34）
2 チェルフェ（P20）
3 ジャンバヴァン（P29）

変身能力《へんしんのうりょく》

無機物《むきぶつ》や別《べつ》の生《い》き物《もの》に変化《へんか》する能力《のうりょく》で、自分《じぶん》より小《ちい》さい生《い》き物《もの》や、大《おお》きな生《い》き物《もの》に姿《すがた》を変《か》えることもできる。あくまで見《み》た目《め》を変《か》えることができる能力《のうりょく》なので、自分《じぶん》より強《つよ》い相手《あいて》に変身《へんしん》しても同《おな》じ強《つよ》さになれるわけではないが、おおいに相手《あいて》を惑《まど》わすことができる。

1 九尾《きゅうび》の狐《きつね》（P8）
2 グール（P23）
3 ハヌマーン（P116）

Battle《バトル》

25 → 32

3回戦《かいせん》

Battle 25
第3回戦

キツネの悪知恵《わるぢえ》 vs.圧《あつ》とう的《てき》な戦力《せんりょく》

魅惑《みわく》の妖狐《ようこ》

九尾《きゅうび》の狐《きつね》

DATA

推定身長《すいていしんちょう》 3m《メートル》

伝承地域《でんしょうちいき》 中国《ちゅうごく》、日本《にほん》

スキル 変化能力《へんげのうりょく》

分類《ぶんるい》 妖怪《ようかい》

魔獣軍《まじゅうぐん》

ここまでキレのある頭脳《ずのう》で、相手《あいて》の裏《うら》をかき、作戦勝《さくせんが》ちを続《つづ》けてきた。3回戦《かいせん》の相手《あいて》は、圧《あっ》とう的《てき》な巨体《きょたい》とパワーをほこる八岐大蛇《やまたのおろち》だ。悪知恵《わるぢえ》と、相《あい》手《て》の性質《せいしつ》を見《み》ぬいたクレバーな戦《たたか》い方《かた》で、今回《こんかい》も勝利《しょうり》を目指《めざ》す。

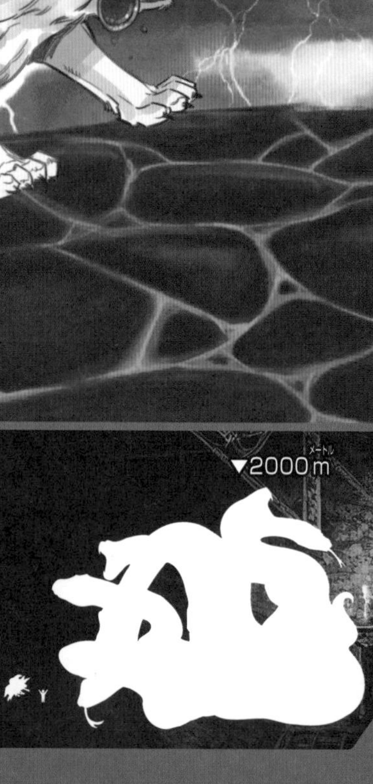

山《やま》をまたぐ八首《やつくび》の大蛇《だいじゃ》

八岐大蛇《やまたのおろち》

DATA

推定身長《すいていしんちょう》 2000 m《メートル》
伝承地域《でんしょうちいき》 日本《にほん》
スキル 8つの首《くび》

分類《ぶんるい》 ドラゴン

レジェンド

戦力分析《せんりょくぶんせき》

魔獣軍《まじゅうぐん》

日《に》本神話《ほんしんわ》に登場《とうじょう》する8つの頭《あたま》と8つの尾《お》をもつ大蛇《だいじゃ》で、それぞれの首《くび》が意思《いし》を持《も》って攻撃《こうげき》するといわれる。山《やま》やまをまたぐほどの巨体《きょたい》を持《も》つ無敵《むてき》の怪物《かいぶつ》だが、神話《しんわ》の中《なか》では、美酒《びしゅ》と美女《びじょ》に弱《よわ》い性質《せいしつ》をつかれて、男神《おがみ》スサノオに退治《たいじ》された。

シーン1 九尾《きゅうび》の狐《きつね》、かみつかれる

メインフィールド
砂漠《さばく》

攻撃《こうげき》スキル

8つの首《くび》

八岐大蛇《やまたのおろち》の首《くび》はそれぞれ攻《こう》撃《げき》することができ、連《れん》けい力《りょく》の高《たか》い攻撃《こうげき》をくり出《だ》す。

八岐大蛇《やまたのおろち》は大《おお》きく長《なが》い体《からだ》をくねらせ、九尾《きゅうび》の狐《きつね》におそいかかる。九尾《きゅうび》の狐《きつね》は攻撃《こうげき》をさけようと奮《ふん》とうするが、8つの首《くび》による連《れん》けい攻撃《こうげき》をさけきれず、かみつかれてしまう。

シーン2 八岐大蛇《やまたのおろち》、敵《てき》を追《お》ってオアシスへ

九尾《きゅうび》の狐《きつね》は傷《きず》を負《お》い逃走《とうそう》し、砂《さ》漠《ばく》のオアシスの湖《みずうみ》へと落下《らっか》する。八岐大蛇《やまたのおろち》は九尾《きゅうび》の狐《きつね》を追《お》いかけ飲《の》みこもうと、大口《おおくち》を開《あ》けてオアシスへと飛《と》びこむ。

シーン3 九尾《きゅうび》の狐《きつね》、妖術《ようじゅつ》で反撃《はんげき》！

しかし、オアシスの水《みず》は、九尾《きゅうび》の狐《きつね》の妖術《ようじゅつ》によって、酒《さけ》へと変《へん》化《か》していた！　酒《さけ》に目《め》のない八岐《やまたの》大蛇《おろち》は、酒《さけ》の湖《みずうみ》を枯《か》らさんばかりのいきおいで飲《の》みまくる。やがて全《すべ》ての首《くび》がよっぱらって眠《ねむ》ってしまった。

Winner!

勝者《しょうしゃ》　魔獣軍《まじゅうくん》　**九尾《きゅうび》の狐《きつね》**

特《とく》しゅスキル

変化能力《へんげのうりょく》

湖《みずうみ》の水《みず》を、酒《さけ》に変《か》えてしまう。

バトル結果《けっか》

八岐大蛇《やまたのおろち》が体格《たいかく》と攻撃力《こうどうりょく》で圧《あっ》とうしていたが、まんまと九尾《きゅうび》の狐《きつね》のゆう導《どう》にのせられてしまった。酒《さけ》をたらふく飲《の》まされた八岐大蛇《やまたのおろち》は、湖《みずうみ》でおぼれ死《し》んでしまった。九尾《きゅうび》の狐《きつね》の作戦勝《さくせんが》ち。

Battle 26
第3回戦

幻獣界一《げんじゅうかいいち》の快速駿馬《かいそくしゅんめ》 VS.海《うみ》を支配《しはい》する最強生物《さいきょうせいぶつ》

天《あま》かける最速馬《さいそくば》

ブラーク

DATA

推定身長《すいていしんちょう》 2m《メートル》
伝承地域《でんしょうちいき》 サウジアラビア
スキル 高速移動《こうそくいどう》

分類《ぶんるい》 神獣《しんじゅう》

聖獣軍《せいじゅうぐん》

1回戦《かいせん》ではグリフォン、2回戦《かいせん》ではアルゴスと、自《じ》身《しん》よりも巨大《きょだい》で、パワーのある相手《あいて》をスピードでほんろうしてたおしてきた。3回戦《かいせん》では、優勝候補《ゆうしょうこうほ》でもあるずばぬけた戦力《せんりょく》を持《も》つ最強生物《さいきょうせいぶつ》・レヴィアタンに、最速《さいそく》の獣《けもの》がいどむ。

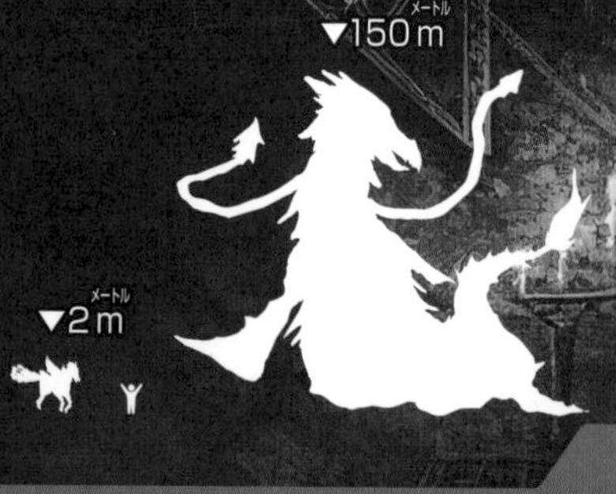

恐《おそ》るべき巨大海獣《きょだいかいじゅう》

レヴィアタン

DATA

推定身長《すいていしんちょう》 150 m《メートル》

伝承地域《でんしょうちいき》 ヨーロッパ

スキル 激《はげ》しい火炎《かえん》

分類《ぶんるい》 怪物《かいぶつ》

魔獣軍《まじゅうぐん》

戦力分析《せんりょくぶんせき》

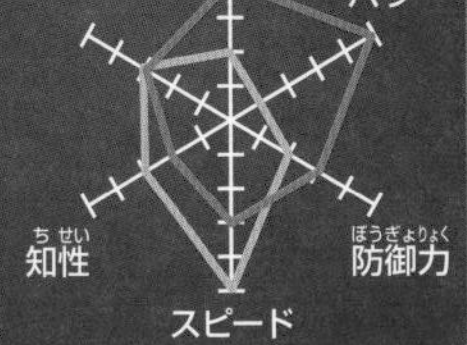

神《かみ》が作《つく》り出《だ》した、ウミヘビのような姿《すがた》をした、海《うみ》にすむ最強《さいきょう》の怪物《かいぶつ》。海流《かいりゅう》に飲《の》まれた相手《あいて》を、するどく巨大《きょだい》な歯《は》でかみくだく。硬《かた》いウロコにおおわれているため、防《ぼう》ぎょ力《りょく》も非常《ひじょう》に高《たか》い。体《からだ》をゆすれば、たちまち渦巻《うずま》きが発生《はっせい》する。

メインフィールド
草原《そうげん》

シーン1 ブラーク、急加速《きゅうかそく》で攻撃《こうげき》をかわす

特《とく》しゅスキル
高速移動《こうそくいどう》
フィールドを一瞬《いっしゅん》で移《い》動《どう》できるほど高速《こうそく》だ。

攻撃《こうげき》スキル
激《はげ》しい火炎《かえん》
水中以外《すいちゅういがい》では、口《くち》からはく火炎《かえん》による攻撃《こうげき》も行《おこな》える。

レヴィアタンは頭上《ずじょう》をせん回《かい》するブラークに対《たい》して、火炎《かえん》をはきかける。ブラークは足《あし》の翼《つばさ》で急加速《きゅうかそく》し、攻《こう》撃《げき》をかわそうとする。

シーン2 レヴィアタン、火炎《かえん》を大噴射《だいふんしゃ》

レヴィアタンが大口《おおぐち》からはき出《だ》す火炎《かえん》は攻撃範囲《こうげきはんい》が広《ひろ》く、ブラークの高速《こうそく》をもってもさけきれない。ブラークは翼《つばさ》についた火《ひ》を消《け》すため、水場《みずば》を探《さが》しに行《い》こうとする。

しかし、フィールドはレヴィアタンのはいた炎《ほのお》の輪《わ》につつまれていて、ブラークは閉《と》じこめられてしまった。レヴィアタンは追《お》い打《う》ちをかけるように炎《ほのお》をはき続《つづ》け、やがてブラークは丸《まる》こげになった。

シーン 3 ブラーク、炎《ほのお》の輪《わ》に囲《かこ》まれる

Winner!

勝者《しょうしゃ》 魔獣軍《まじゅうぐん》 **レヴィアタン**

バトル結果《けっか》

動《うご》きの素早《すばや》いブラークの動《うご》きを警《けい》かいしたレヴィアタンは、フィールドを火炎地獄《かえんじごく》にすることで、動《うご》ける場所《ばしょ》をなくしてしまった。相手《あいて》の得意《とくい》な戦法《せんぽう》を力《ちから》わざでふうじ、見事勝利《みごとしょうり》をおさめた。

熱血《ねっけつ》の不死鳥《ふしちょう》 VS.必殺必中《ひっさつひっちゅう》の一角獣《いっかくじゅう》

再生《さいせい》を繰《く》り返《かえ》す火《ひ》の鳥《とり》

フェニックス

DATA

推定身長《すいていしんちょう》 8m《メートル》

伝承地域《でんしょうちいき》 エジプト

スキル 炎《ほのお》のヤリ

分類《ぶんるい》 怪物《かいぶつ》

聖獣軍《せいじゅうぐん》

1回戦《かいせん》、2回戦《かいせん》と相手《あいて》の能力《のうりょく》を完封《かんぷう》する火炎攻撃《かえんこうげき》をくり出《だ》し、勝利《しょうり》をおさめてきた。3回戦《かいせん》の相手《あいて》である獬豸《かいち》は、体力《たいりょく》こそ低《ひく》いが、今《いま》までの相手《あいて》とちがってクールな戦略家《せんりゃくか》だ。相手《あいて》にペースをくずされないようにしながら、熱《あつ》い火力《かりょく》でねじふせられるか!?

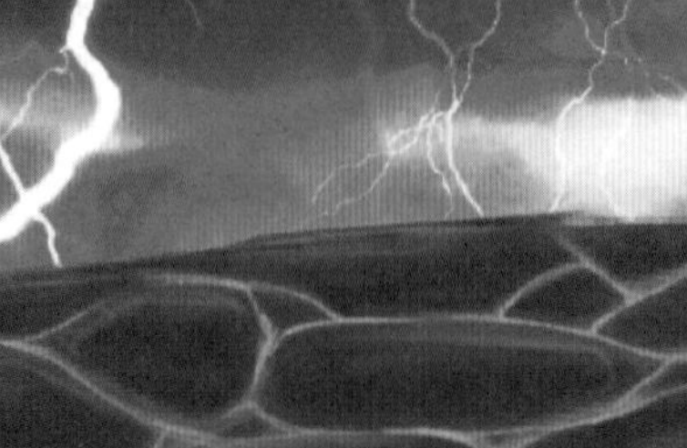

善悪《ぜんあく》を見極《みきわ》める裁判官《さいばんかん》

獬豸《かいち》

DATA

推定身長《すいていしんちょう》 3～4m《メートル》

分布《ぶんぷ》 中国《ちゅうごく》

スキル ひづめの機動力《きどうりょく》、するどいツノ

分類《ぶんるい》 神獣《しんじゅう》

レジェンド

聖獣軍《せいじゅうぐん》

戦力分析《せんりょくぶんせき》

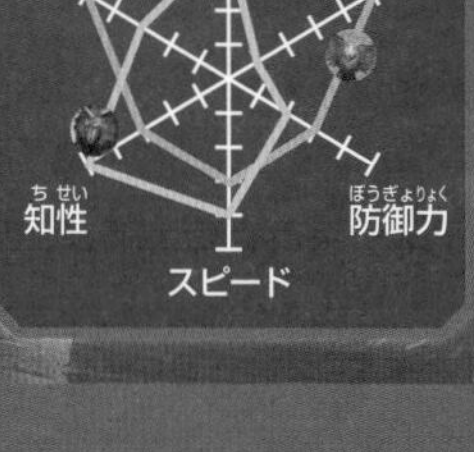

ひたいに大《おお》きな一本《いっぽん》の角《つの》を持《も》つ、ウシに近《ちか》い見《み》た目《め》の一角獣《いっかくじゅう》。おだやかな性格《せいかく》で正義《せいぎ》を好《この》み、悪人《あくにん》にはかみつき制裁《せいさい》を与《あた》える。罪《つみ》が重《おも》い場合《ばあい》はするどいツノで刺《さ》し殺《ころ》すが、決《けっ》して判断《はんだん》をあやまることはない。冷静《れいせい》な思考力《しこうりょく》で公正《こうせい》を見極《みきわ》めて、戦闘《せんとう》においても的確《てきかく》に判断《はんだん》する。

メインフィールド

雪山《ゆきやま》

シーン1 フェニックスが駆《か》ける獬豸《かいち》を追《お》う

獬豸《かいち》はひづめで雪《ゆき》をけるようにかけ、フェニックスが空《そら》からそれを追跡《ついせき》する。フェニックスはかぎ爪《づめ》で獬豸《かいち》をねらうが、縦横無尽《じゅうおうむじん》にかけ回《まわ》る獬豸《かいち》はなかなかとらえることができない。

特《とく》しゅスキル

ひづめの機動力《きどうりょく》

ひづめの足《あし》は走《はし》るのに適《てき》し、雪山《ゆきやま》でもすべらない。

シーン2 獬豸《かいち》が弱《よわ》ったフェニックスにアタック

雪山《ゆきやま》の冷気《れいき》で弱《よわ》ってきたフェニックスは、強《つよ》い風《かぜ》にあおられて体勢《たいせい》をくずす。獬豸《かいち》は、そのすきを逃《のが》さず、フェニックスに強《きょう》れつなつきをお見舞《みま》いする。

攻撃《こうげき》スキル

するどいツノ

長《なが》くとがったツノで、相手《あいて》をいきおいよく刺《さ》しつらぬく。

シーン 3 フェニックス 最後《さいご》の反撃《はんげき》

深《ふか》い傷《きず》を受《う》けたフェニックスは、最後《さいこ》の力《ちから》をふりしぼり、目《め》から黄金《おうこん》の光《ひかり》を放《はな》ちながら獬豸《かいち》へとっ進《しん》。光《ひかり》が雪《ゆき》に反《はん》しゃし、獬豸《かいち》は目《め》がくらみ反応《はんのう》できず、正面《しょうめん》から炎《ほのお》のヤリの攻撃《こうげき》を受《う》け、燃《も》えつきた。

攻撃《こうげき》スキル

炎《ほのお》のヤリ

燃《も》えさかる炎《ほのお》をまといながら、クチバシをつき立《た》ててとっ進《しん》する。

Winner!

勝者《しょうしゃ》 聖獣軍《せいじゅうぐん》 フェニックス

バトル結果《けっか》

雪山《ゆきやま》の冷気《れいき》、獬豸《かいち》のしゅん足《そく》とするどいツノ攻撃《こうげき》でひん死《し》の状態《じょうたい》におちいったフェニックス。不死《ふし》ではあるが、炎《ほのお》のない場所《ばしょ》で体力《たいりょく》がつきれば休眠状態《きゅうみんじょうたい》（戦闘不能《せんとうふのう》）となる。最後《さいご》は、決死《けっし》の体当《たいあ》たりで、なんとか勝利《しょうり》した。

Battle 28
第3回戦

不死《ふし》の能力《のうりょく》を持《も》つクマの武人《ぶじん》

知略《ちりゃく》あふれる怪力熊《かいりきぐま》

ジャンバヴァン

DATA

推定身長《すいていしんちょう》 3m《メートル》
伝承地域《でんしょうちいき》 インド
スキル 怪力《かいりき》

分類《ぶんるい》
獣人《じゅうじん》

聖獣軍《せいじゅうぐん》

1回戦《かいせん》ではアスラの力《ちから》を持《も》つゾウ、クヴァラヤーピーダ、2回戦《かいせん》では四神獣《ししんじゅう》の白虎《びゃっこ》といった、実力《じつりょく》者《しゃ》たちを打《う》ち負《ま》かしてきた。3回戦《かいせん》は、必殺《ひっさつ》の爪攻撃《つめこうげき》と知略《ちりゃく》に優《すぐ》れたナラシンハが相手《あいて》だ。戦略的《せんりゃくてき》な戦《たたか》いと、怪力《かいりき》を使《つか》いこなし、撃破《げきは》を目指《めざ》す。

VS.獅《し》子《し》顔《がお》をした神《かみ》の化身《けしん》

不《ふ》死《じ》身《み》殺《ごろ》しの獣人《じゅうじん》
ナラシンハ

DATA

推定身長《すいていしんちょう》 3m《メートル》
伝承《でんしょう》地《ち》域《いき》 インド
スキル 大蛇変化《だいじゃへんげ》

分類《ぶんるい》
化身《けしん》

レジェンド

聖獣軍《せいじゅうぐん》

戦力分析《せんりょくぶんせき》

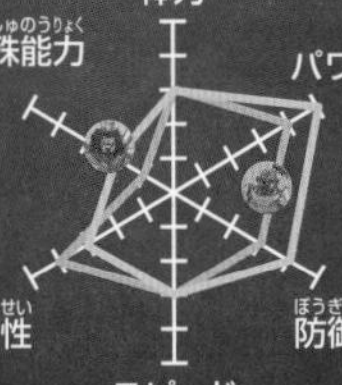

ライオンの頭《あたま》をもつ獣人《じゅうじん》で、敵《てき》の弱点《じゃくてん》を見《み》つけると、前足《まえあし》のするどい爪《つめ》でたちどころに命《いのち》をうばう。知略《ちりゃく》に長《た》けており、不死身《ふじみ》の魔王《まおう》・ヒラニヤカシプを退治《たいじ》したことは、神々《かみがみ》の間《あいだ》でも有名《ゆうめい》であり、そのため「不死身殺《ふじみごろ》し」の異名《いみょう》を持《も》つ。

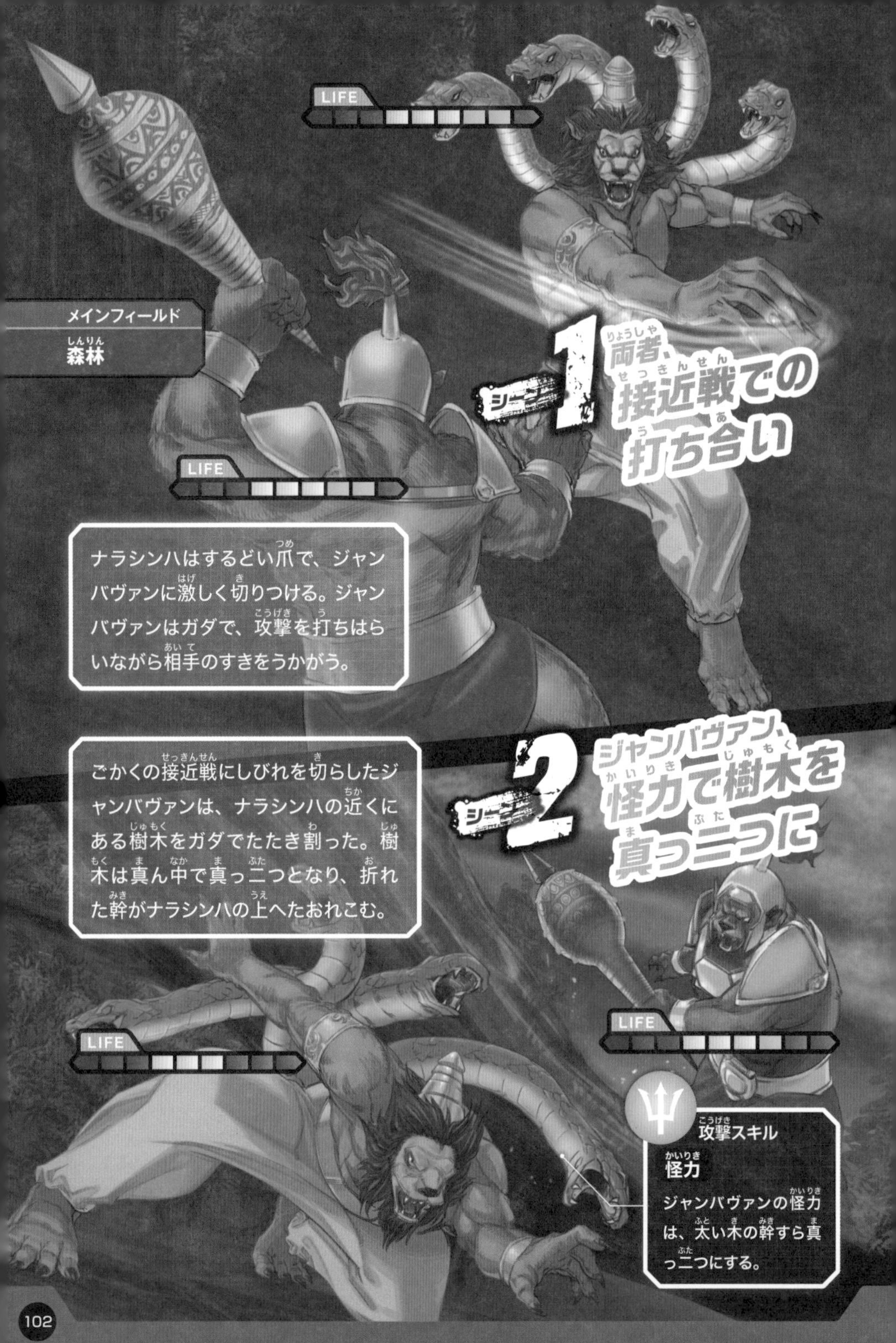

メインフィールド

森林《しんりん》

シーン1 両者《りょうしゃ》、接近戦《せっきんせん》での打《う》ち合《あ》い

ナラシンハはするどい爪《つめ》で、ジャンバヴァンに激《はげ》しく切《き》りつける。ジャンバヴァンはガダで、攻撃《こうげき》を打《う》ちはらいながら相手《あいて》のすきをうかがう。

シーン2 ジャンバヴァン、怪力《かいりき》で樹木《じゅもく》を真《ま》っ二《ぷた》つに

ごかくの接近戦《せっきんせん》にしびれを切《き》らしたジャンバヴァンは、ナラシンハの近《ちか》くにある樹木《じゅもく》をガダでたたき割《わ》った。樹木《じゅもく》は真《ま》ん中《なか》で真《ま》っ二《ふた》つとなり、折《お》れた幹《みき》がナラシンハの上《うえ》へたおれこむ。

攻撃《こうげき》スキル

怪力《かいりき》

ジャンバヴァンの怪力《かいりき》は、太《ふと》い木《き》の幹《みき》すら真《ま》っ二《ふた》つにする。

シーン3 ナラシンハ、ヴィシュヌ神《しん》になる

するとナラシンハの体《からだ》がけむりにつつまれ、真《しん》の姿《すがた》・ヴィシュヌ神《しん》が現《あらわ》れる。ヴィシュヌは森《もり》の樹木《じゅもく》を大蛇《だいじゃ》に変化《へんか》させ、ジャンバヴァンを奇《き》しゅう。体《からだ》に無数《むすう》のヘビが群《むら》がりかみつかれたジャンバヴァンは、出血多量《しゅっけつたりょう》で息絶《いきた》えた。

バトル結果《けっか》

ジャンバヴァンは、不死《ふし》の力《ちから》を得《え》る代《か》わりに、父《ちち》ヴィシュヌの攻撃《こうげき》を受《う》けるとたちまち死《し》んでしまう。そして、今回《こんかい》の相手《あいて》ナラシンハの正体《しょうたい》は、天敵《てんてき》ヴィシュヌだった。このように幻獣《げんじゅう》には、明確《めいかく》な力関係《ちからかんけい》が生《しょう》じる場合《ばあい》もある。

歴戦をくぐりぬけた戦闘狂《せんとうきょう》 vs.超再生《ちょうさいせい》のドラゴン

武神《ぶしん》にして反乱者《はんらんしゃ》

蚩尤《しゆう》

DATA

推定身長《すいていしんちょう》 4m《メートル》
伝承地域《でんしょうちいき》 中国《ちゅうごく》
スキル 戦斧《せんぷ》

分類《ぶんるい》 異形《いぎょう》

魔獣軍《まじゅうぐん》

1回戦《かいせん》では首《くび》のない女騎士《おんなきし》・デュラハン、2回戦《かいせん》では空飛《そらと》ぶ大蛇《だいじゃ》・ボイタタと、特《とく》しゅな能力《のうりょく》を持《も》つ相手《あいて》をたおしてきた。3回戦《かいせん》の相手《あいて》は再生力《さいせいりょく》と猛毒《もうどく》を持《も》つヒュドラ。武人《ぶじん》として戦《たたか》ってきた経験《けいけん》を生《い》かし、無敵《むてき》の竜《りゅう》の攻略法《こうりゃくほう》をみちびき出《だ》せるか？

9の首《くび》を持《も》つ不《ふ》めつの竜《りゅう》

ヒュドラ

DATA

推定身長《すいていしんちょう》 20 m《メートル》

伝承地域《でんしょうちいき》 地中海沿岸地域《ちちゅうかいえんがんちいき》

スキル 再生力《さいせいりょく》

分類《ぶんるい》 ドラゴン

レジェンド

魔獣軍《まじゅうぐん》

戦力分析《せんりょくぶんせき》

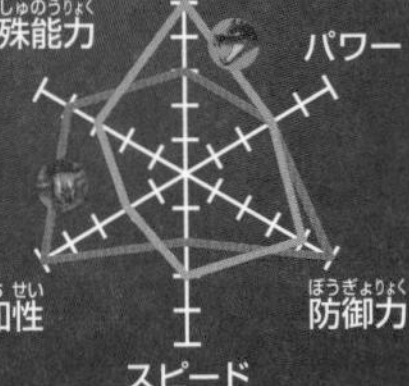

ギリシャ神話《しんわ》に登場《とうじょう》する、9つの首《くび》を持《も》つ伝説《でんせつ》の竜《りゅう》。強《つよ》い再生力《さいせいりょく》を持《も》ち、切《き》り落《お》としてもすぐに新《あたら》しい首《くび》が生《は》えてくる。はく息《いき》や体液《たいえき》にふくまれる毒《どく》は、誰《だれ》もが吸《す》うだけで命《いのち》を落《お》とす。魔力《まりょく》がこめられた毒《どく》は、決《けっ》して解毒《げどく》できない猛毒《もうどく》だ。

メインフィールド
草原《そうけん》

シーン1 ヒュドラは首《くび》を落《お》とされて激怒《げきど》

蚩尤《しゆう》は、角笛《つのふえ》をふいてヒュドラをひるませ、大《おお》きな戦斧《せんぷ》でヒュドラの首《くび》を切《き》り落《お》とす。首《くび》を落《お》とされたヒュドラは怒《いか》りくるい猛毒《もうどく》の息《いき》をはく。蚩《し》尤《ゆう》は体《からだ》の一部《いちぶ》を溶《と》かされながらも、盾《たて》で致命傷《ちめいしょう》は回《かい》ひする。

攻撃《こうげき》スキル

戦斧《せんぷ》

自《みずか》ら開発《かいはつ》した戦斧《せんぷ》で、強《きょう》れつな一撃《いちげき》を与《あた》えた。

特《とく》しゅスキル

再生力《さいせいりょく》

首《くび》を切《き》ってもすぐに再生《さいせい》して、新《あたら》しい首《くび》が生《は》えてくる。

シーン2 蚩尤《しゆう》がヒュドラの血《ち》をまき散《ち》らす

ヒュドラの首《くび》がすぐに生《は》えてきたことを確認《かくにん》した蚩尤《しゆう》は、切《き》り落《お》としたヒュドラの首《くび》をしぼり、血《ち》をあたりにまき散《ち》らす。ちょう発《はつ》されたと感《かん》じたヒュドラは、蚩尤《しゆう》へ食《く》らいつこうとする。

シーン 3 ヒュドラ、炎《ほのお》の海《うみ》に包《つつ》まれる

蚩尤《しゆう》はタイミングを見計《みはか》らい、ヒュドラの血《ち》を染《し》みこませた草《くさ》の根《ね》に火《ひ》をつけた。火《ひ》はヒュドラを取《と》り囲《かこ》むように広《ひろ》がっていき、やがてヒュドラの体《からだ》は炎《ほのお》の海《うみ》にのまれてしまった。

Winner!

勝者《しょうしゃ》 魔獣軍《まじゅうぐん》 蚩尤《しゆう》

バトル結果《けっか》

竜《りゅう》の血《ち》は油分《ゆぶん》を多《おお》くふくむ場合《ばあい》があり、その性質《せいしつ》を利用《りよう》して、蚩尤《しゆう》は火《ひ》を使《つか》う作戦《さくせん》を決行《けっこう》した。体《からだ》の一部《いちぶ》が石《いし》でできている蚩尤《しゆう》は、ヒュドラの強《きょう》れつな毒《どく》が効《き》きづらかったのも勝因《しょういん》のひとつだ。

Battle 30
第3回戦

森《もり》にすむ怪力王《かいりきおう》 VS. 空《そら》飛《と》ぶ怪力鳥《かいりきちょう》

恐《おそ》るべき森《もり》の番人《ばんにん》

フンババ

DATA

推定身長《すいていしんちょう》 10 m《メートル》
伝承《でんしょう》地域《ちいき》 メソポタミア
スキル こんぼう

分類《ぶんるい》 怪物《かいぶつ》

聖獣軍《せいじゅうぐん》

1回戦《かいせん》では森《もり》の木々《きぎ》をあやつるレーシー、2回戦《かいせん》ではオオカミのコンビ・ゲリとフレキと、強敵《きょうてき》をたおしてきた。3回戦《かいせん》の相手《あいて》はアステカの神《かみ》・ケツァルコアトルだ。大《おお》きさはほぼごかく、空《そら》と陸《りく》の怪力自《かいりきじ》まんの幻獣《げんじゅう》による決戦《けっせん》が今始《いまはじ》まる。

平和《へいわ》の神《かみ》

ケツアルコアトル

DATA

推定身長《すいていしんちょう》 10 m《メートル》

伝承地域《でんしょうちいき》 メキシコ

スキル 風《かぜ》の魔法《まほう》、長《なが》い尾《お》

分類《ぶんるい》 化身《けしん》

戦力分析《せんりょくぶんせき》

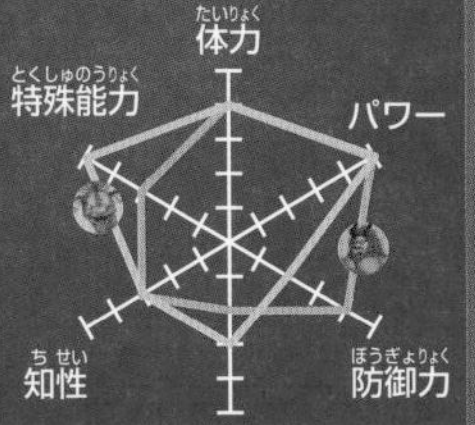

聖獣軍《せいじゅうぐん》

レジェンド

世《せ》界《かい》を創造《そうぞう》し、人《ひと》びとに火《ひ》を与《あた》えたとされるアステカ神話《しんわ》の主神《しゅしん》。鳥《とり》とヘビが合体《がったい》したような見《み》た目《め》で、人間《にんげん》の姿《すがた》になることもある。争《あらそ》いをきらう平《へい》和《わ》の心《こころ》を持《も》っているが、本気《ほんき》になれば山《やま》をおしつぶし、平地《へいち》にするほどの怪力《かいりき》もそなえている。

シーン1 ケツァルコアトル、上空《じょうくう》へ舞《ま》い上《あ》がる

特《とく》しゅスキル

風《かぜ》の魔法《まほう》

風《かぜ》を自在《じざい》に操《あやつ》る。他《ほか》に、太陽《たいよう》や水《みず》も操《あやつ》れる。

フンババは、ケツァルコアトルに毒《どく》の息《いき》をはきかける。ケツァルコアトルは、風《かぜ》の魔法《まほう》をくり出《だ》して毒《どく》を退《しりぞ》け、大《おお》きな翼《つばさ》をはばたかせながら、上空《じょうくう》へ飛《と》び上《あ》がった。

メインフィールド

荒《あ》れ地《ち》

シーン2 フンババ、こんぼうで受《う》け止《と》める

攻撃《こうげき》スキル

長《なが》い尾《お》

ヘビのように長《なが》い尾《お》を、ムチをふるようにたたきつける。

ケツァルコアトルは、フンババの頭上《ずじょう》から、地面《じめん》に向《む》かって長《なが》い尾《お》をたたききつける。フンババは、こんぼうで受《う》け止《と》める。両者《りょうしゃ》の力比《ちからくら》べにとつ入《にゅう》。

攻撃《こうげき》スキル

こんぼう

敵《てき》に攻撃《こうげき》したり、敵《てき》の攻《こう》撃《げき》を受《う》け止《と》めたりできる。

足《あし》に力《ちから》をこめふん張《ば》ったフンババだが、ケツァルコアトルの攻撃《こうげき》の重《おも》みに地面《じめん》がたえきれず、大《おお》きな亀裂《きれつ》が入《はい》る。フンババは体勢《たいせい》をくずし、そのままつぶされてしまった。

シーン3 両者《りょうしゃ》、力比《ちからくら》べの結果《けっか》は？

Winner!

勝《しょう》者《しゃ》 聖獣軍《せいじゅうぐん》 ケツァルコアトル

バトル結果《けっか》

ほぼごかくの怪力《かいりき》をほこる両者《りょうしゃ》による競《せ》り合《あ》いは、決着《けっちゃく》がつかないかに思《おも》えた。しかし、足場《あしば》がくずれるアクシデントによって、フンババは運悪《うんわる》くおしつぶされてしまった。

悪《あく》を退《しりぞ》ける神獣《しんじゅう》 VS.捕《ほ》ばくする超巨大《ちょうきょだい》な触手《しょくしゅ》

魔獣特攻《まじゅうとっこう》の魔術師《まじゅつし》

バロン

DATA

推定身長《すいていしんちょう》 3m《メートル》
伝承地域《でんしょうちいき》 インドネシア バリ島《とう》
スキル 太陽《たいよう》の魔法《まほう》、ふう印《いん》

分類《ぶんるい》 神獣《しんじゅう》

聖獣軍《せいじゅうぐん》

これまで太陽《たいよう》の光《ひかり》を力《ちから》に変《か》えて、順当《じゅんとう》に敵《てき》を退《しりぞ》けてきた。3回戦《かいせん》の相手《あいて》は、海《うみ》の支配者《しはいしゃ》・クラーケンだ。相手《あいて》の得意《とくい》なフィールドでの勝負《しょうぶ》となるが、多《た》彩《さい》な攻撃方法《こうげきほうほう》で相手《あいて》の弱点《じゃくてん》を探《さぐ》るのが得意《とくい》な魔術師《まじゅつし》にとっては、ハンデにはならないだろう。

海《うみ》の支配者《しはいしゃ》

クラーケン

DATA

推定身長《すいていしんちょう》 1000 m《メートル》

伝承地域《でんしょうちいき》 ノルウェイ

スキル 柔軟《じゅうなん》な体《からだ》

分類《ぶんるい》

怪物《かいぶつ》

戦力分析《せんりょくぶんせき》

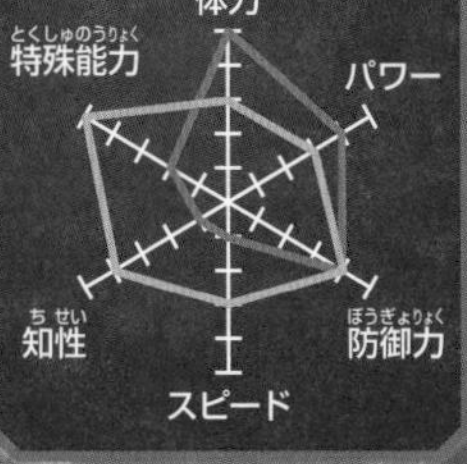

魔獣軍《まじゅうぐん》

北《ほっ》極海《きょくかい》に出没《しゅつぼつ》する海《うみ》の怪物《かいぶつ》。見《み》た目《め》は巨大《きょだい》なタコだが、その大《おお》きさは陸地《りくち》と見《み》まちがえるほど。耐《たい》久力《きゅうりょく》に優《すぐ》れ、吸《きゅう》ばんのついた足《あし》で敵《てき》をからめとって動《うご》きをふうじる。水中戦《すいちゅうせん》では右《みぎ》に出《で》る者《もの》はいない、海《うみ》の支配者《しはいしゃ》だ。

シーン1 クラーケンに光《ひかり》の矢《や》がつき刺《さ》さる

メインフィールド

海《うみ》

攻撃《こうげき》スキル

太陽《たいよう》の魔法《まほう》

太陽《たいよう》の力《ちから》で、善《ぜん》の魔術《まじゅつ》を使《つか》う。光《ひかり》の武器《ぶき》を作《つく》り出《だ》すこともできる。

バロンは太陽《たいよう》の光《ひかり》を集《あつ》め、光《ひかり》の矢《や》でクラーケンを攻撃《こうげん》する。クラーケンの巨体《きょたい》では、矢《や》をさけるのはむずかしく、無数《むすう》の矢《や》が足《あし》へとつき刺《さ》さった。

巨体《きょたい》のクラーケンには、矢《や》の攻撃《こうげき》はあまり効果《こうか》がないようだ。矢《や》が刺《さ》さったままであることも気《き》にせずに足《あし》をのばし、バロンをからめとる。

特《とく》しゅスキル

柔軟《じゅうなん》な体《からだ》

タコやイカなどと同《おな》じく、骨《ほね》を持《も》たない筋肉《きんにく》質《しつ》で柔軟《じゅうなん》な体《からだ》を持《も》つ。

シーン2 バロン、クラーケンの足《あし》にとらえられる

クラーケンの力《ちから》は強《つよ》く、バロンはぬけ出《だ》すことができない。しかし、バロンが呪文《じゅもん》を唱《とな》えると、光《ひかり》の矢《や》にこめられた魔術《まじゅつ》が発動《はつどう》し、クラーケンは全《まった》く動《うご》けなくなってしまった。

3 バロンの魔術《まじゅつ》が発動《はつどう》

攻撃《こうげき》スキル

ふう印《いん》

太陽《たいよう》の力《ちから》で、敵《てき》の動《うご》きをふうじることができる。

Winner!

勝《しょう》者《しゃ》 聖獣軍《せいじゅうぐん》 バロン

バトル結果《けっか》

クラーケンの圧《あっ》とう的《てき》なパワーの前《まえ》に、ピンチにおちいるバロン。最後《さいご》は、魔術師《まじゅつし》の本領《ほんりょう》を発揮《はっき》し、太陽《たいよう》の魔法《まほう》で作《つく》り出《だ》した矢《や》の力《ちから》を利用《りよう》して、クラーケンをふう印《いん》することに成功《せいこう》した。

形《かたち》のない霧《きり》の怪物《かいぶつ》 vs.巨大化《きょだいか》したサル

風《かぜ》に乗《の》って現《あらわ》れる死神《しにがみ》

イタカ

DATA

推定身長《すいていしんちょう》 変幻自在《へんげんじざい》
伝承地域《でんしょうちいき》 アメリカ、カナダ
スキル いてつく吹雪《ふぶき》

分類《ぶんるい》 邪神《じゃしん》

魔獣軍《まじゅうぐん》

1回戦《かいせん》ではパズズ、2回戦《かいせん》ではマンティコアと、凶悪《きょうあく》な敵《てき》を相手《あいて》に圧《あっ》とう的《てき》な力《ちから》を見《み》せつけてきた。3回戦《かいせん》の相手《あいて》であるハヌマーンは、不死《ふし》の能力《のうりょく》を持《も》つかなりの強敵《きょうてき》。しかし、吹雪《ふぶき》の使《つか》い手《て》であるイタカにとって、今回《こんかい》のフィールドは有利《ゆうり》だ。

勇敢《ゆうかん》な戦士《せんし》

ハヌマーン

DATA

推定身長《すいていしんちょう》 2.5 m《メートル》

伝承《でんしょう》地《ち》域《いき》 インド

スキル 巨大化《きょだいか》

分類《ぶんるい》 獣人《じゅうじん》

戦力分析《せんりょくぶんせき》

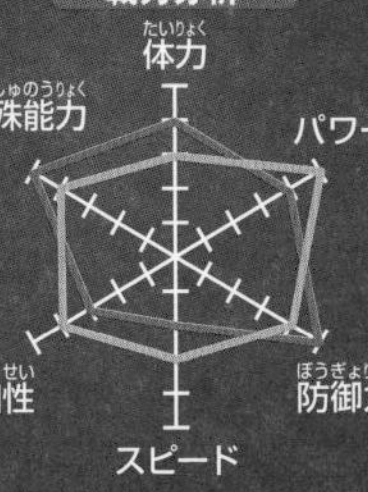

聖獣軍《せいじゅうぐん》

インド神話《しんわ》に登場《とうじょう》するサルの戦士《せんし》で、山《やま》を引《ひ》きぬくほどの怪力《かいりき》や飛行能力《ひこうのうりょく》を持《も》つ。勇猛《ゆうもう》な性格《せいかく》とかしこさによって数《かず》かずの偉業《いぎょう》を成《な》しとげ、神《かみ》から不《ふ》死《し》の力《ちから》もたまわっている。ジャンバヴァンも、共《とも》に戦《たたか》った仲間《なかま》だ。

シーン1 ハヌマーン、巨大化《きょだいか》して立《た》ち向《む》かう

メインフィールド
雪山《ゆきやま》

特《とく》しゅスキル
巨大化《きょだいか》
体《からだ》を自由自在《じゆうじざい》に巨大化《きょだいか》させることができる。

ハヌマーンはイタカとの体格差《たいかくさ》をうめるために巨大化《きょだいか》し、大《おお》きなほうこうをあげた。大《おお》きなさけび声《ごえ》は、衝《しょう》撃波《げきは》となってイタカをおそう。

シーン2 イタカの不気味《ぶきみ》な目《め》が光《ひか》る

雪《ゆき》でできたイタカの体《からだ》は、衝撃《しょうげき》を受《う》けたことで霧《きり》となって散《ち》ってしまった。霧《きり》の中《なか》で、怪《あや》しく光《ひか》るイタカのひとみが、ハヌマーンを見《み》つめている。

シーン3 イタカが霧《きり》となっておそいかかる

特《とく》しゅスキル

いてつく吹雪《ふぶき》

吹雪《ふぶき》をおこし、敵《てき》を氷《こおり》の中《なか》に閉《と》じこめることもできる。

Winner!

勝者《しょうしゃ》 魔獣軍《まじゅうぐん》 イタカ

イタカが霧《きり》の体《からだ》で、ハヌマーンにまとわりつく。すると、ハヌマーンの体《からだ》がみるみるこおっていき、身動《みうご》きがとれなくなっていく。氷《こおり》の中《なか》で、炎《ほのお》をはき続《つづ》けるハヌマーンだが、時《とき》すでにおそし。魔力《まりょく》のこめられた氷《こおり》は、決《けっ》して溶《と》けることはなかった。

バトル結果《けっか》

力《ちから》はごかくの、獣人《じゅうじん》と邪神《じゃしん》の戦《たたか》いだった。魔力《まりょく》の氷《こおり》の中《なか》に敵《てき》をとじこめるという、イタカのしたたかな戦略《せんりゃく》の前《まえ》に、ハヌマーンは敗《やぶ》れ去《さ》ってしまった。

エキシビジョン
Exhibition
02

悪魔《あくま》のいたずらか？
禁断《きんだん》の合成獣《ごうせいじゅう》バトル

生物《せいぶつ》と生物《せいぶつ》をかけ合《あ》わせた合成獣《ごうせいじゅう》は禁断《きんだん》の生物《せいぶつ》だ。中《なか》でも非常《ひじょう》に珍《めずら》しい合成獣《ごうせいじゅう》同士《どうし》の戦《たたか》いが実現《じつげん》した。

天敵《てんてき》との間《あいだ》に生《う》まれた子《こ》
ヒッポグリフ

命短《いのちみじか》い凶暴《きょうぼう》なる獣《けもの》
ミルメコレオ

DATA

推定身長《すいていしんちょう》 5～8m《メートル》
分布《ぶんぷ》 ヨーロッパ
スキル 空腹《くうふく》ゆえの凶暴性《きょうぼうせい》
分類《ぶんるい》 合成獣《ごうせいじゅう》

DATA

推定身長《すいていしんちょう》 4m《メートル》
分布《ぶんぷ》 ヨーロッパ、西《にし》アジア
スキル ワシの翼《つばさ》
分類《ぶんるい》 合成獣《ごうせいじゅう》

聖獣軍《せいじゅうぐん》

グリフォンとメスウマの間《あいだ》に生《う》まれた、上半身《じょうはんしん》がワシ、下半身《かはんしん》がウマの合成獣《ごうせいじゅう》。強《きょう》じんな脚力《きゃくりょく》と飛行力《ひこうりょく》を持《も》ち、天地《てんち》をかけ回《まわ》る。ただし、グリフォンはウマを食《た》べるため、自然《しぜん》のルールに反《はん》した交配《こうはい》であり、神々《かみがみ》の間《あいだ》でも存在《そんざい》を認《みと》める者《もの》は少《すく》ない。

戦力分析《せんりょくぶんせき》

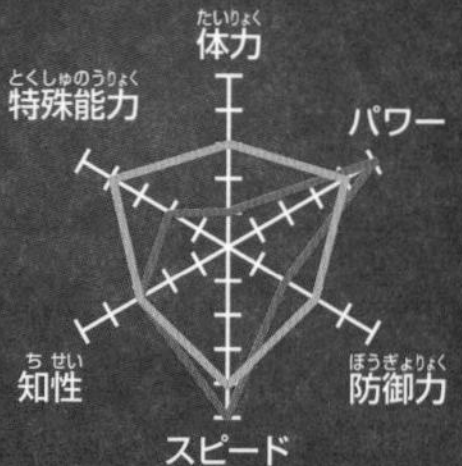

魔獣軍《まじゅうぐん》

ライオンとアリの合成獣《ごうせいじゅう》で、悪魔《あくま》によって創造《そうぞう》されたこの世《よ》のものならざる生物《せいぶつ》。この世《よ》にあるものを何《なに》も食《た》べることができず、ほとんどが生《う》まれてすぐにうえて死《し》んでしまう。生《い》き残《のこ》ったものは、うえによる凶暴性《きょうぼうせい》で、戦闘能力《せんとうのうりょく》が非常《ひじょう》に高《たか》い。

シー1 ヒッポグリフ、攻撃《こうげき》をためらう！

優《やさ》しい性格《せいかく》のヒッポグリフは、ミルメコレオの悲《かな》しい生態《せいたい》を察知《さっち》し、攻撃《こうげき》をためらう。うえたミルメコレオは正《しょう》気《き》を失《うしな》い、とつ撃《げき》してくる。

LIFE

メインフィールド

荒《あ》れ地《ち》

特《とく》しゅスキル

空腹《くうふく》ゆえの凶暴性《きょうぼうせい》

生《う》まれながら食事《しょくじ》をとれないミルメコレオは、正《しょう》気《き》を失《うしな》い、敵《てき》をおそう。

シー2 ミルメコレオ、大暴走《だいぼうそう》を始《はじ》める！

ヒッポグリフは、翼《つばさ》を羽《は》ばたかせながら、後方《こうほう》にしりぞいて攻撃《こうげき》をかわす。ミルメコレオは本能《ほんのう》のままに、がむしゃらに攻撃《こうげき》を続《つづ》け、ついにヒッポグリフの片翼《かたよく》をもぎ取《と》る。

特《とく》しゅスキル

ワシの翼《つばさ》

ワシの翼《つばさ》を持《も》つため、宙《ちゅう》に浮《う》きあがったり、飛行《ひこう》したりするのが得意《とくい》。

LIFE

ヒッポグリフは翼《つばさ》をもがれた激痛《げきつう》で暴《あば》れ、ミルメコレオをウマのひづめでけり飛《と》ばす。一撃《いちげき》を受《う》けたミルメコレオは、ショック死《し》する。

シーン3 ヒッポグリフのけりが致命傷《ちめいしょう》に!

Winner!

勝者《しょうしゃ》 聖獣軍《せいじゅうぐん》 ヒッポグリフ

攻撃《こうげき》スキル

ひづめのけり

ウマの下半身《かはんしん》を持《も》ち、い力のあるけりを放《はな》つ。

バトル結果《けっか》

ヒッポグリフは、性格《せいかく》も優《やさ》しく、攻撃《こうげき》をためらっていた。しかし、ミルメコレオの暴走攻撃《ぼうそうこうげき》を受《う》け、けりでていこうしたところ、元《もと》もと体力《たいりょく》が低《ひく》いミルメコレオを、一撃《いちげき》で仕留《しと》めてしまった。

Battle《バトル》

33 → 36

準々決勝《じゅんじゅんけっしょう》

Battle 33
準々決勝

神《かみ》をもだますキツネ vs.神《かみ》に創《つく》られた最強生物《さいきょうせいぶつ》

魅惑《みわく》の妖狐《ようこ》
九尾《きゅうび》の狐《きつね》

DATA

推定身長《すいていしんちょう》 3 m《メートル》
伝承地域《でんしょうちいき》 中国《ちゅうごく》、日本《にほん》
スキル 変身能力《へんしんのうりょく》、妖気《ようき》の猛毒《もうどく》

分類《ぶんるい》 妖怪《ようかい》

恐《おそ》るべき巨大海獣《きょだいかいじゅう》
レヴィアタン

DATA

推定身長《すいていしんちょう》 150 m《メートル》
伝承地域《でんしょうちいき》 ヨーロッパ
スキル かみ殺《ころ》し

分類《ぶんるい》 怪物《かいぶつ》

レジェンド

魔獣軍《まじゅうぐん》

これまでの戦《たたか》いでは、相手《あいて》の弱点《じゃくてん》を分析《ぶんせき》したうえで、得意《とくい》の悪知恵《わるちえ》を生《い》かしながら敵《てき》をたおしてきた。今回《こんかい》の相手《あいて》は規格外《きかくがい》の強敵《きょうてき》・レヴィアタンだ。相手《あいて》の弱点《じゃくてん》をつく、これまで同様《どうよう》の戦法《せんぽう》は通用《つうよう》するか?

戦力分析《せんりょくぶんせき》

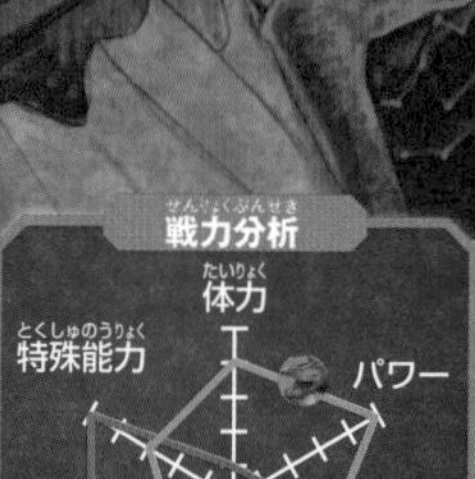

魔獣軍《まじゅうぐん》

前回《ぜんかい》の戦《たたか》いでは、最速《さいそく》のブラークを炎《ほのお》の攻撃《こうげき》で焼《や》きはらい、見事勝利《みごとしょうり》した。今度《こんど》の相手《あいて》は、だましのスペシャリスト・九尾《きゅうび》の狐《きつね》だ。下手《へた》にかけひきをすることなく、圧《あっ》とう的《てき》な攻撃力《こうげきりょく》で相手《あいて》をおしきり、勝《か》ちをねらう。

シーン1 九尾《きゅうび》の狐《きつね》、油断《ゆだん》をさそう変化術《へんげじゅつ》

メインフィールド

海《うみ》

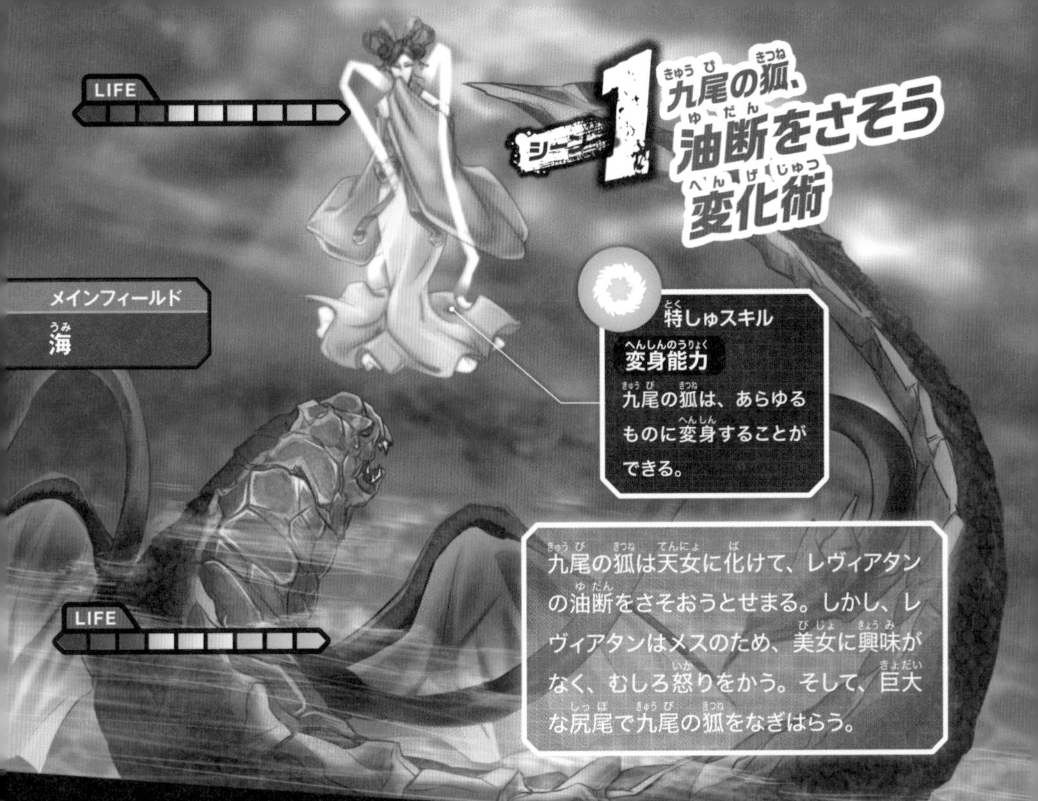

特《とく》しゅスキル

変身能力《へんしんのうりょく》

九尾《きゅうび》の狐《きつね》は、あらゆるものに変身《へんしん》することができる。

九尾《きゅうび》の狐《きつね》は天女《てんにょ》に化《ば》けて、レヴィアタンの油断《ゆだん》をさそおうとせまる。しかし、レヴィアタンはメスのため、美女《びじょ》に興味《きょうみ》がなく、むしろ怒《いか》りをかう。そして、巨大《きょだい》な尻尾《しっぽ》で九尾《きゅうび》の狐《きつね》をなぎはらう。

シーン2 レヴィアタン、巨大《きょだい》な口《くち》でせまる

九尾《きゅうび》の狐《きつね》は海面《かいめん》にたたきつけられ、ぐったりと水中《すいちゅう》へしずんでいく。レヴィアタンは、大口《おおぐち》を開《あ》けてせまり、九尾《きゅうび》の狐《きつね》をかみ殺《ころ》そうとする。

攻撃《こうげき》スキル

かみ殺《ころ》し

強力《きょうりょく》なとがったキバで、敵《てき》を切《き》りきざむことができる。

シーン3 九尾《きゅうび》の狐《きつね》、死《し》んだフリから反撃《はんげき》へ

レヴィアタンのキバがせまると、九尾《きゅうび》の狐《きつね》はとつぜん目《め》を覚《さ》まし、妖気《ようき》から練《ね》り上《あ》げた猛毒《もうどく》をまき散《ち》らした。レヴィアタンは苦《くる》しみもだえ、逃走《とうそう》していった。

Winner!

勝者《しょうしゃ》 魔獣軍《まじゅうぐん》 九尾《きゅうび》の狐《きつね》

LIFE

LIFE

バトル結果《けっか》

天女《てんにょ》に化《ば》ける作戦《さくせん》に失敗《しっぱい》すると、今度《こんど》は死《し》んだフリをするなど、九尾《きゅうび》の狐《きつね》は次々《つぎつぎ》とずるがしこい作《さく》戦《せん》を使《つか》って相手《あいて》をほんろうした。最後《さいご》は、猛毒《もうどく》を使《つか》って、レヴィアタンを敗走《はいそう》させた。

攻撃《こうげき》スキル

妖気《ようき》の猛毒《もうどく》

妖気《ようき》を練《ね》り上《あ》げることで猛毒《もうどく》を作《つく》ることもできる。

Battle 34
準々決勝

火炎《かえん》をまとう不死鳥《ふしちょう》 VS. 鋭《するど》い爪《つめ》を持《も》つ神《かみ》の化身《けしん》

再生《さいせい》をくり返《かえ》す火《ひ》の鳥《とり》
フェニックス

DATA

推定身長《すいていしんちょう》 8 m《メートル》
伝承地域《でんしょうちいき》 エジプト
スキル 黄金《おうごん》のひとみ、火炎《かえん》せん風《ぷう》

分類《ぶんるい》 怪物《かいぶつ》

不死殺《ふしごろ》しの獣人《じゅうじん》
ナラシンハ

DATA

推定身長《すいていしんちょう》 3 m《メートル》
伝承地域《でんしょうちいき》 インド
スキル 幻影《げんえい》

分類《ぶんるい》 化身《けしん》

レジェンド

聖獣軍《せいじゅうぐん》

前回《ぜんかい》の戦《たたか》いでは、獬豸《かいち》の猛攻撃《もうこうげき》にひるむことなく、かかんにいどんで勝利《しょうり》をつかんだ。今回《こんかい》の相手《あいて》は、「不死殺《ふしごろ》し」の異名《いみょう》を持《も》つナラシンハだ。不死鳥《ふしちょう》・フェニックスにとっては、最《もっと》もやりにくい相手《あいて》となるだろう。

戦力分析《せんりょくぶんせき》

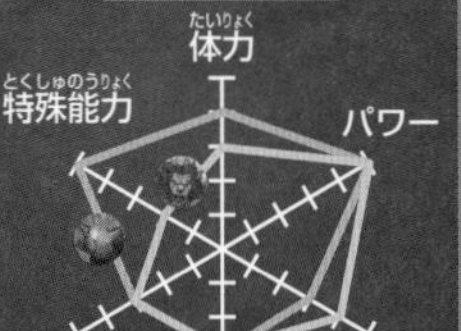

聖獣軍《せいじゅうぐん》

前回《ぜんかい》は、息子《むすこ》であるジャンバヴァンに対《たい》して、正体《しょうたい》であるヴィシュヌ神《しん》の姿《すがた》を明《あ》かすことで勝《か》ち上《あ》がった。今度《こんど》の相手《あいて》は不死《ふし》の力《ちから》を持《も》つフェニックスだ。「不死殺《ふしごろ》し」のプライドにかけて、不死鳥《ふしちょう》の撃退《げきたい》を試《こころ》みる。

1 ナラシンハ、相手《あいて》のすきをうかがう

ナラシンハは、森《もり》の木々《きぎ》に同化《どうか》して身《み》をひそめ、フェニックスのすきをうかがう。フェニックスは、森《もり》を飛《と》び回《まわ》り、木々《きぎ》のすき間《ま》からただよう邪悪《じゃあく》な気配《けはい》を察知《さっち》した。

特《とく》しゅスキル

黄金《おうごん》のひとみ

目《め》が黄金《おうごん》に光《ひか》り輝《かがや》いており、邪悪《じゃあく》なものを察《さっ》知《ち》できる。

メインフィールド

森林《しんりん》（夜《よる》）

2 ナラシンハ、背後《はいご》から切《き》りつける

フェニックスが、敵《てき》の気配《けはい》がただよう場所《ばしょ》に、炎《ほのお》をふきかける。しかし、そこにいたのはナラシンハの幻影《げんえい》だった。フェニックスは、背後《はいご》から切《き》りつけられてしまう。

防《ぼう》ぎょスキル

幻影《げんえい》

体《からだ》の一部《いちぶ》をけむりに変《か》えて、分身《ぶんしん》を作《つく》ることができる。

シーン 3

フェニックス、反撃《はんげき》の火炎《かえん》せん風《ふう》

さらに、ナラシンハは、するどい爪《つめ》で立《た》て続《つづ》けに切《き》りさき攻撃《こうげき》をしかける。フェニックスは身《み》にまとう炎《ほのお》を強《つよ》め、傷口《きずぐち》を焼《や》いてふさぐ。さらに、翼《つばさ》で火炎《かえん》せん風《ふう》を起《お》こし、向《む》かってきたナラシンハを炎《ほのお》で焼《や》きつくした。

勝者《しょうしゃ》 聖獣軍《せいじゅうぐん》 フェニックス

攻撃《こうげき》スキル

火炎《かえん》せん風《ふう》

翼《つばさ》で風《かぜ》を巻《ま》き起《お》こしながら、身《み》にまとう炎《ほのお》で敵《てき》を攻撃《こうげき》する。

バトル結果《けっか》

ナラシンハのざん撃《げき》は見事《みごと》に命中《めいちゅう》したが、フェニックスもとっさの判断《はんだん》で傷《きず》を焼《や》いて回復《かいふく》させ、反《はん》撃《げき》に出《で》た。最後《さいご》は、圧《あつ》とう的《てき》な炎《ほのお》の力《ちから》で、ナラシンハをねじふせた。

争《あらそ》いを望《のぞ》む異形《いぎょう》の武神《ぶしん》VS.平和《へいわ》を願《ねが》う神《かみ》

DATA
推定身長《すいていしんちょう》 4m《メートル》
伝承地域《でんしょうちいき》 中国《ちゅうごく》
スキル 召喚《しょうかん》、くし刺《ざ》し
分類《ぶんるい》 異形《いぎょう》

武神《ぶしん》にして反乱者《はんらんしゃ》
蚩尤《しゆう》

平和《へいわ》の神《かみ》
ケツアルコアトル

DATA
推定身長《すいていしんちょう》 10m《メートル》
伝承地域《でんしょうちいき》 メキシコ
スキル 強固《きょうこ》な体《からだ》
分類《ぶんるい》 化身《けしん》

レジェンド

魔獣軍《まじゅうぐん》

今《いま》までの戦《たたか》いでは、入念《にゅうねん》な作戦《さくせん》と、優《すぐ》れた武器《ぶき》、それらを最大限《さいだいげん》に引《ひ》き出《だ》す類《たぐい》まれなる武力《ぶりょく》によって、敵《てき》を打《う》ち負《ま》かしてきた。今回《こんかい》は、部下《ぶか》である魑魅魍魎《ちみもうりょう》の力《ちから》を借《か》りながら、強敵《きょうてき》ケツァルコアトルにいどむ。

戦力分析《せんりょくぶんせき》

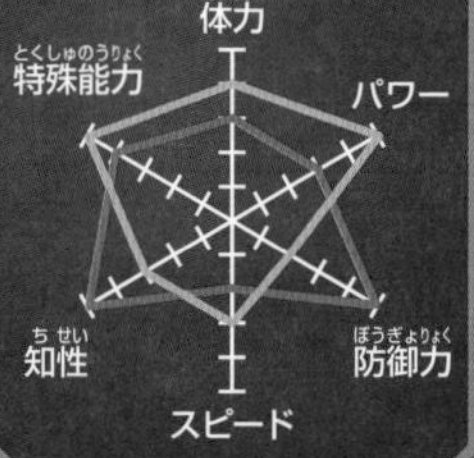

聖獣軍《せいじゅうぐん》

前《ぜん》回《かい》は、森《もり》の番人《ばんにん》・フンババとの力比《ちからくら》べに勝《か》ったケツァルコアトル。準々決勝《じゅんじゅんけっしょう》の相手《あいて》は、戦略家《せんりゃくか》である異形《いぎょう》の武神《ぶしん》・蚩尤《しゆう》だ。しかし相手《あいて》がどのような戦法《せんぽう》をとろうとも、ケツァルコアトルはゆるがぬ平和《へいわ》への祈《いの》りをこめて、相手《あいて》にいどんでいく。

メインフィールド

荒《あ》れ地《ち》

シーン1 蚩尤《しゆう》、魑《ち》魅《み》魍魎《もうりょう》を召喚《しょうかん》

蚩尤《しゆう》は、部下《ぶか》である魑《ち》魅《み》魍魎《もうりょう》を呼《よ》び起《お》こし、闇《やみ》の軍隊《ぐんたい》を指揮《しき》する。蚩尤《しゆう》の合図《あいず》で、魑《ち》魅《み》魍魎《もうりょう》の軍勢《ぐんぜい》は、ケツァルコアトルへ無数《むすう》の矢《や》を放《はな》つ。

特《とく》しゅスキル

召喚《しょうかん》

魑《ち》魅《み》魍魎《もうりょう》からなる闇《やみ》の軍団《ぐんだん》を呼《よ》び、軍師《ぐんし》として指揮《しき》をとる。

シーン2 ケツァルコアトル、尻尾《しっぽ》で敵兵《てきへい》をけちらす

矢《や》はケツァルコアトルにヒットするが、分厚《ぶあつ》いウロコや羽毛《うもう》にはばまれて、深《ふか》い傷《きず》にはならない。ケツァルコアトルは尻尾《しっぽ》をふり回《まわ》し、蚩尤《しゆう》の兵《へい》をおしつぶしていく。

防《ぼう》ぎょスキル

強固《きょうこ》な体《からだ》

体《からだ》をおおう分厚《ぶあつ》い羽毛《うもう》が、敵《てき》の攻撃《こうげき》を防《ふせ》いでくれる。

シーン3 蚩尤《しゆう》、こん身《しん》のヤリ攻撃《こうげき》

蚩尤《しゆう》はすきを見《み》て、ケツァルコアトルの背中《せなか》に乗《の》る。蚩尤《しゆう》がこん身《しん》の力《ちから》で大《おお》きなヤリをケツァルコアトルの背《せ》につき刺《さ》す。分厚《ぶあつ》いウロコを貫通《かんつう》し、ケツァルコアトルはくし刺《ざ》しとなった。

攻撃《こうげき》スキル

くし刺《ざ》し

自分《じぶん》で開発《かいはつ》した大《おお》きなヤリを使《つか》って、敵《てき》をつらぬく。

Winner!

勝《しょう》者《しゃ》 魔獣軍《まじゅうぐん》 **蚩尤《しゆう》**

バトル結果《けっか》

蚩尤《しゆう》は部下《ぶか》によって、うまくケツァルコアトルの気《き》を引《ひ》き、仕留《しと》めることに成功《せいこう》。次《つぎ》から次《つぎ》へと作戦《さくせん》を変《か》えていく、軍師《ぐんし》らしい戦《たたか》いを見《み》せつけた。

太陽《たいよう》の魔術師《まじゅつし》VS.霧《きり》と風《かぜ》の邪神《じゃしん》

風《かぜ》に乗《の》って現《あらわ》れる死神《しにがみ》
イタカ

魔獣特攻《まじゅうとっこう》の魔術師《まじゅつし》
バロン

DATA

推定身長《すいていしんちょう》 3m《メートル》
伝承地域《でんしょうちいき》 インドネシア バリ島《とう》
スキル 魔法陣《まほうじん》、聖《せい》なるダンス
分類《ぶんるい》 神獣《しんじゅう》

DATA

推定身長《すいていしんちょう》 変幻自在《へんげんじざい》
伝承地域《でんしょうちいき》 アメリカ、カナダ
スキル 霧《きり》のつむじ風《かぜ》
分類《ぶんるい》 邪神《じゃしん》

聖獣軍《せいじゅうぐん》

今《いま》までの戦《たたか》いでは、太陽《たいよう》の力《ちから》を使《つか》った魔術《まじゅつ》で、次《つぎ》つぎと邪悪《じゃあく》な敵《てき》を退《しりぞ》けてきた。今回《こんかい》の相手《あいて》は、風《かぜ》を操《あやつ》って戦《たたか》うイタカだ。物理攻撃《ぶつりこうげき》が効《き》きづらく、つかみどころのない強敵《きょうてき》に、得意《とくい》の魔術《まじゅつ》でいどむ。

戦力分析《せんりょくぶんせき》

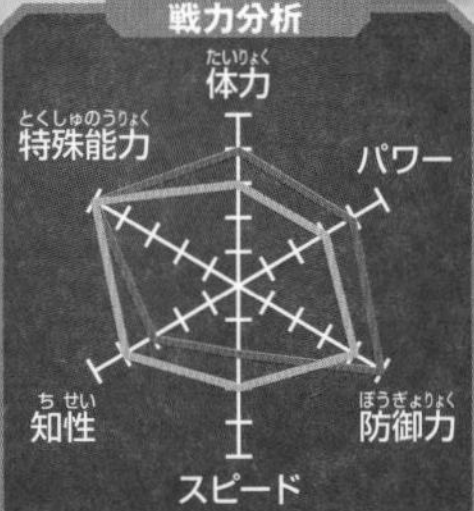

魔獣軍《まじゅうぐん》

霧《きり》の体《からだ》と風《かぜ》の力《ちから》で相手《あいて》をほんろうしながら、ついに順々《じゅんじゅん》決勝《けっしょう》までやってきた。今回《こんかい》の相手《あいて》バロンは太陽《たいよう》の力《ちから》を使《つか》いこなす魔術師《まじゅつし》であり、実力十分《じつりょくじゅうぶん》のもうし分《ぶん》のない対戦相手《たいせんあいて》だ。逆《さか》らう者《もの》はみな、強風《きょうふう》でふき飛《と》ばすのみだ。

シーン1 イタカ、霧《きり》に変化《へんげ》して風《かぜ》を起《お》こす

メインフィールド
雪山《ゆきやま》

防《ぼう》ぎょスキル

霧《きり》のつむじ風《かぜ》

辺《あた》りを霧《きり》でつつみ、敵《てき》の攻撃《こうげき》を無効化《むこうか》し、せん風《ぷう》で吹《ふ》き飛《と》ばす。

イタカは霧《きり》の姿《すがた》となって、辺《あた》りをおおいかくす。バロンは魔術《まじゅつ》で霧《きり》をはらおうとするが、イタカの起《お》こした風《かぜ》に巻《ま》き上《あ》げられて、吹《ふ》き飛《と》ばされる。

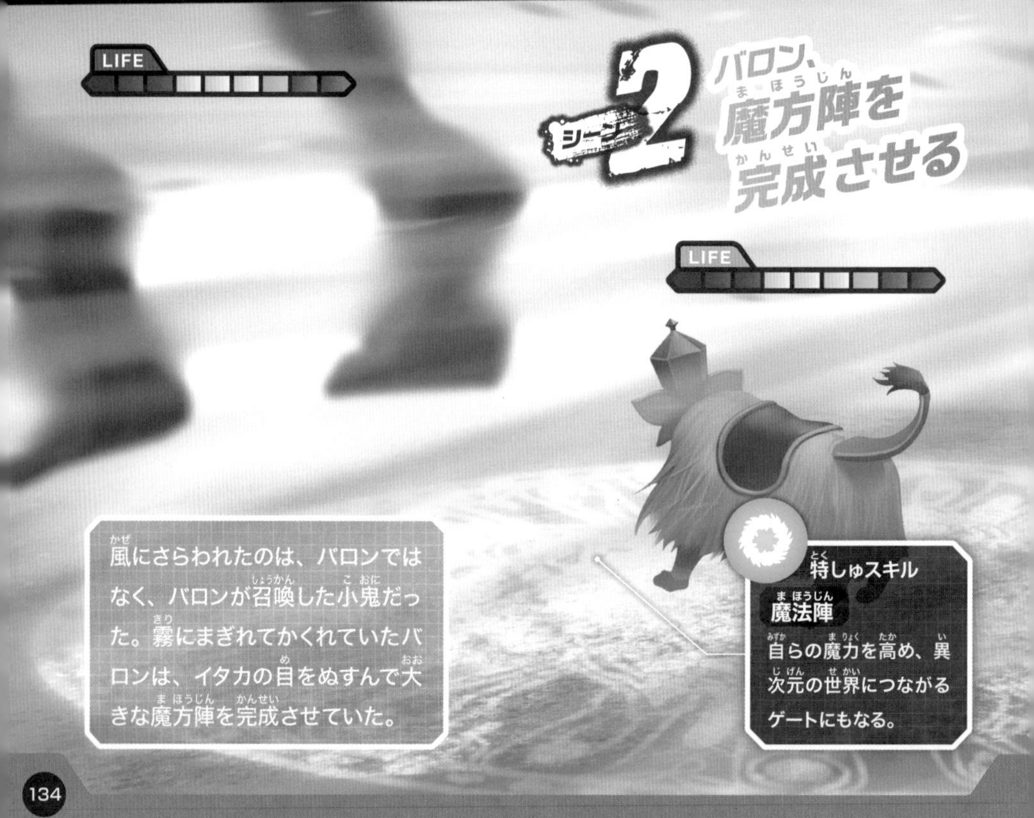

シーン2 バロン、魔方陣《まほうじん》を完成《かんせい》させる

風《かぜ》にさらわれたのは、バロンではなく、バロンが召喚《しょうかん》した小鬼《こおに》だった。霧《きり》にまぎれてかくれていたバロンは、イタカの目《め》をぬすんで大《おお》きな魔方陣《まほうじん》を完成《かんせい》させていた。

特《とく》しゅスキル

魔法陣《まほうじん》

自《みずか》らの魔力《まりょく》を高《たか》め、異《い》次元《じげん》の世界《せかい》につながるゲートにもなる。

シーン3 バロン、必殺《ひっさつ》のダンスをおどる

Winner!

勝者《しょうしゃ》 聖獣軍《せいじゅうぐん》 バロン

特《とく》しゅスキル

聖《せい》なるダンス

ダンスで魔力《まりょく》をさらに高《たか》め、強力《きょうりょく》な悪霊退散《あくりょうたいさん》の魔術《まじゅつ》を使用《しよう》する。

バロンは、悪霊退散《あくりょうたいさん》の祈《いの》りをこめたダンスをひろうする。やがて魔《ま》方陣《ほうじん》が光《ひか》り輝《かがや》き、イタカは宇宙《うちゅう》のどこかに追《お》いやられてしまった。

バトル結果《けっか》

イタカは、霧《きり》を起《お》こして、風《かぜ》を操《あやつ》りバロンを苦《くる》しめる。真《ま》っ向《こう》から戦《たたか》うことを不利《ふり》とみたバロンは、聖《せい》なるダンスによって、イタカを異次元《いじげん》にふき飛《と》ばすことに成功《せいこう》した。

エキシビジョン
Exhibition
03

サイズが大《おお》きすぎる！
世紀末《せいきまつ》の巨大怪獣《きょだいかいじゅう》バトル

観測不可能《かんそくふかのう》なほど大《おお》きな体《からだ》を持《も》つため、今回《こんかい》のトーナメントには出場《しゅつじょう》できなかった、規格外《きかくがい》の2匹《ひき》のバトルが実現《じつげん》した。

心優《こころやさ》しき獣《けもの》の王《おう》
ベヒモス

封印《ふういん》されし邪神《じゃしん》
クトゥルー

DATA

推定身長《すいていしんちょう》 観測不可能《かんそくふかのう》
分布《ぶんぷ》 ヨーロッパ
スキル おう盛《せい》な食欲《しょくよく》
分類《ぶんるい》 怪物《かいぶつ》

DATA

推定身長《すいていしんちょう》 観測不可能《かんそくふかのう》
分布《ぶんぷ》 アメリカ
スキル ゴム状《じょう》の皮《ひ》ふ、精神波《せいしんは》
分類《ぶんるい》 邪神《じゃしん》

聖獣軍《せいじゅうぐん》

神《かみ》によって造《つく》られた、カバのような見《み》た目《め》の、巨大《きょだい》な怪物《かいぶつ》。その巨大《きょだい》さのため、海《うみ》にはすめず、陸《りく》にあがったと言《い》われる。戦闘力《せんとうりょく》は高《たか》いが、性格《せいかく》は温厚《おんこう》で、ふだんは二頭一対《にとういっつい》で造《つく》られたレヴィアタンとしか戦《たたか》おうとしない。

戦力分析《せんりょくぶんせき》

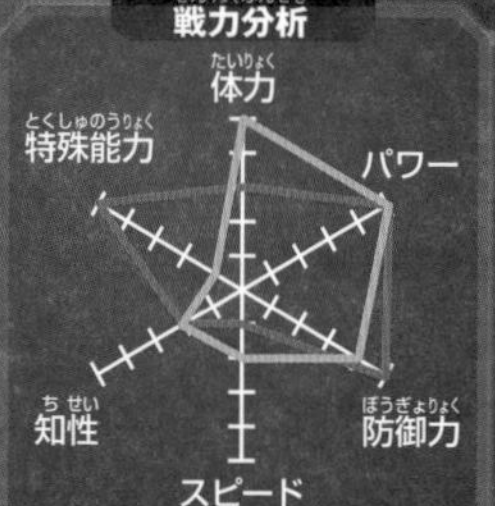

魔獣軍《まじゅうぐん》

クトゥルフ神話《しんわ》に登場《とうじょう》する巨《きょ》大《だい》な邪神《じゃしん》。見《み》た者《もの》の正気《しょうき》をうばうほどまがまがしい姿《すがた》で、強大《きょうだい》な力《ちから》で思《おも》うがままに破《は》かいの限《かぎ》りをつくす。ふだんは海底《かいてい》都《と》市《し》ルルイエにふう印《いん》されており、来《きた》るべき日《ひ》に目覚《めざ》めるとされている。

シーン1 ベヒモス、渦《うず》巻《ま》きを発生《はっせい》させる！

ベヒモスは海《うみ》の水《みず》を飲《の》みこみ、渦《うず》巻《ま》きを起《お》こす。しかし巨体《きょたい》のクトゥルーは、海《うみ》が荒《あ》れても全《まった》く動《どう》じることはなく、ただねむたげに海《うみ》の中《なか》にたたずんでいる。

メインフィールド

海《うみ》

攻撃《こうげき》スキル

おう盛《せい》な食欲《しょくよく》

おう盛《せい》な食欲《しょくよく》で、川《かわ》の水《みず》も一気《いっき》に飲《の》みほすと、大渦《おおうず》が発生《はっせい》する。

防《ぼう》ぎょスキル

ゴム状《じょう》の皮《ひ》ふ

弾力《だんりょく》のあるゴムのような皮《ひ》ふで、引《ひ》きちぎることができない。

シーン2 クトゥルー、ゆっくりと動《うご》きだす！

海《うみ》の水《みず》がすっかりなくなると、ようやくクトゥルーがベヒモスに目《め》をとめた。ベヒモスはかけ寄《よ》り、クトゥルーの触手《しょくしゅ》に食《く》らいついて引《ひ》きちぎろうとするが、なかなかキバが通《とお》らない。

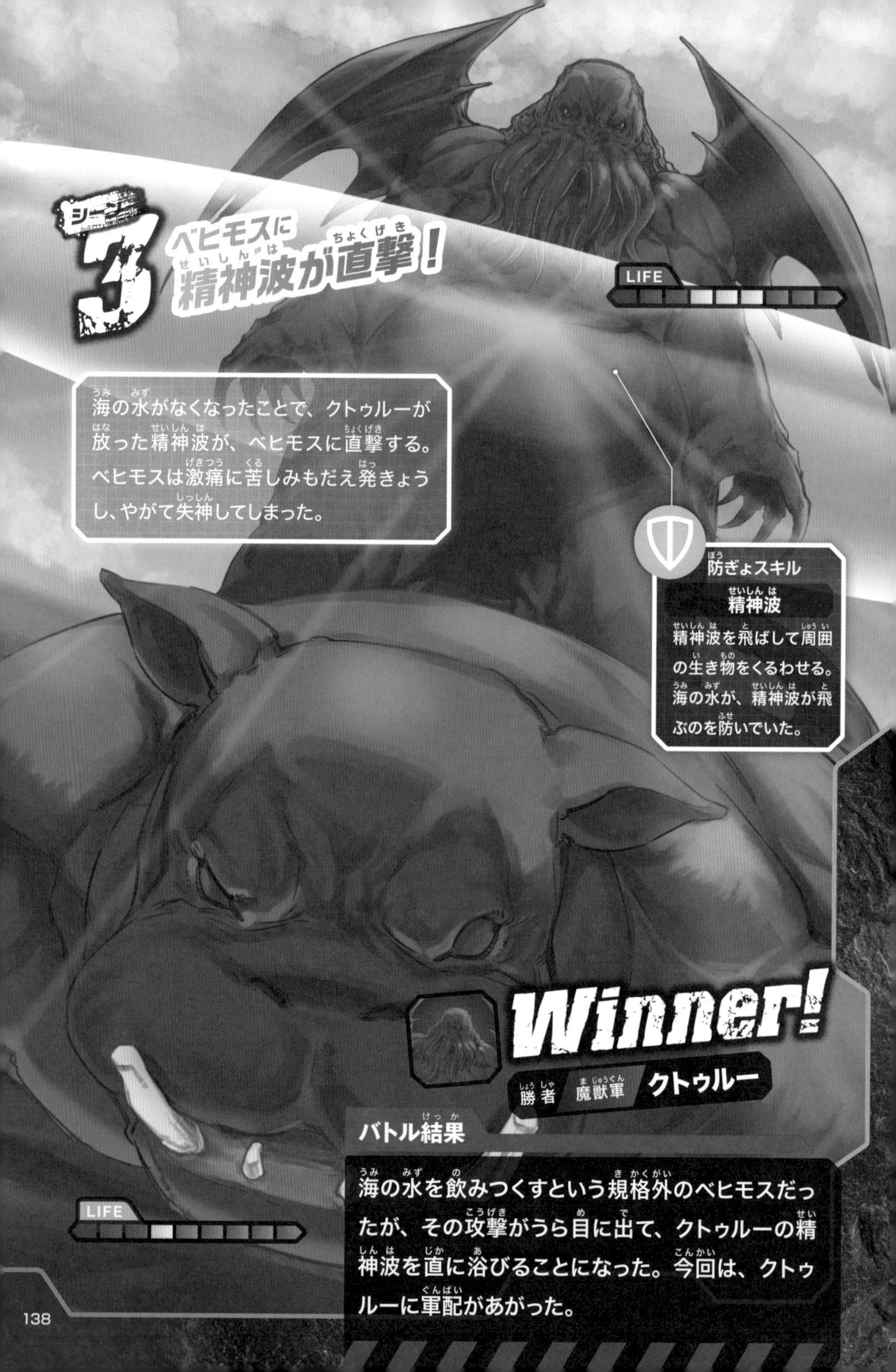

シーン3 ベヒモスに精神波《せいしんは》が直撃《ちょくげき》！

海《うみ》の水《みず》がなくなったことで、クトゥルーが放《はな》った精神波《せいしんは》が、ベヒモスに直撃《ちょくげき》する。ベヒモスは激痛《げきつう》に苦《くる》しみもだえ発《はっ》きょうし、やがて失神《しっしん》してしまった。

防《ぼう》ぎょスキル

精神波《せいしんは》

精神波《せいしんは》を飛《と》ばして周囲《しゅうい》の生《い》き物《もの》をくるわせる。海《うみ》の水《みず》が、精神波《せいしんは》が飛《と》ぶのを防《ふせ》いでいた。

Winner!

勝者《しょうしゃ》 魔獣軍《まじゅうぐん》 クトゥルー

バトル結果《けっか》

海《うみ》の水《みず》を飲《の》みつくすという規格外《きかくがい》のベヒモスだったが、その攻撃《こうげき》がうら目《め》に出《で》て、クトゥルーの精神波《せいしんは》を直《じか》に浴《あ》びることになった。今回《こんかい》は、クトゥルーに軍配《ぐんばい》があがった。

Battle《バトル》

37 → 38

準決勝《じゅんけっしょう》

変身《へんしん》と計略《けいりゃく》のキツネ VS.真実《しんじつ》を見《み》ぬく不死鳥《ふしちょう》

再生《さいせい》をくり返《かえ》す火《ひ》の鳥《とり》

フェニックス

魅惑《みわく》の妖狐《ようこ》

九尾《きゅうび》の狐《きつね》

DATA

推定身長《すいていしんちょう》 3m《メートル》
伝承地域《でんしょうちいき》 中国《ちゅうごく》、日本《にほん》
スキル 逃走《とうそう》、分身《ぶんしん》の術《じゅつ》
分類《ぶんるい》 妖怪《ようかい》

DATA

推定身長《すいていしんちょう》 8m《メートル》
伝承地域《でんしょうちいき》 エジプト
スキル 黄金《おうごん》のひとみ
分類《ぶんるい》 怪物《かいぶつ》

魔獣軍《まじゅうぐん》

心《し》理戦《んりせん》を得意《とくい》としており、相手《あいて》の心《こころ》を見《み》すかしているかのように、常《つね》に敵《てき》をほんろうして勝《か》ち続《つづ》けてきた。特技《とくぎ》の変身能力《へんしんのうりょく》で、岩《いわ》などの無機物《むきぶつ》から動物《どうぶつ》にいたるまで、あらゆるものに化《ば》けることができる。魔力《まりょく》を練《ね》ることで生《う》み出《だ》す毒《どく》の力《ちから》も強力《きょうりょく》だ。

聖獣軍《せいじゅうぐん》

これまで、再生《さいせい》や回復《かいふく》の能力《のうりょく》をく使《し》しながら、燃《も》え上《あ》がる炎《ほのお》の攻撃《こうげき》で相手《あいて》をけちらしてきた。準決勝《じゅんけっしょう》で対決《たいけつ》するのは、これまでずるがしこい戦略《せんりゃく》でたくみに勝《か》ちぬいてきた九尾《きゅうび》の狐《きつね》だ。敵《てき》の策《さく》にはまることなく、平常心《へいじょうしん》で戦《たたか》うことが大切《たいせつ》だ。

戦力分析《せんりょくぶんせき》

特《とく》しゅスキル

逃走《とうそう》

いざとなれば逃《に》げ足《あし》が速《はや》く、安全《あんぜん》な場所《ばしょ》に移《い》動《どう》できる。

シーン1 両者《りょうしゃ》、追跡合戦《ついせきがっせん》を開始《かいし》

開始直後《かいしちょくご》、九尾《きゅうび》の狐《きつね》は、森《もり》の奥《おく》へ逃走《とうそう》を始《はじ》める。フェニックスは炎《ほのお》をはきながら、その後《あと》を追《お》う。

メインフィールド

森林《しんりん》

シーン2 九尾《きゅうび》の狐《きつね》、待《ま》ち構《かま》えてほんろうする

防《ぼう》ぎょスキル

分身《ぶんしん》の術《じゅつ》

幻術《げんじゅつ》によって、自分《じぶん》の姿《すがた》を何体《なんたい》も作《つく》ることができる。

森《もり》の奥《おく》で待《ま》ち構《かま》えていたのは、なんと、たくさんの九尾《きゅうび》の狐《きつね》だった。幻術《げんじゅつ》によって増《ふ》えた体《からだ》で、フェニックスをまどわしながら、おそいかかる。

シーン 3 フェニックス、妖術《ようじゅつ》を見破《みやぶ》る！

しかしフェニックスは分身《ぶんしん》を無視《むし》して、森《もり》の木《き》の一本《いっぽん》をかぎ爪《づめ》で切《き》りさく。すると木《き》の変身《へんしん》が解《と》け、傷《きず》を受《う》けて弱《よわ》りきった九尾《きゅうび》の狐《きつね》が姿《すがた》を現《あらわ》す。逃走《とうそう》しようとする九尾《きゅうび》の狐《きつね》を、フェニックスが炎《ほのお》を浴《あ》びせ、黒《くろ》こげにする。

特《とく》しゅスキル

黄金《おうごん》のひとみ

闇《やみ》をはらうだけでなく、真実《しんじつ》を見《み》ぬく能力《のうりょく》もある。

Winner!

勝者《しょうしゃ》 聖獣軍《せいじゅうぐん》 フェニックス

バトル結果《けっか》

今《いま》までの戦《たたか》いでは、九尾《きゅうび》の狐《きつね》が、さまざまな幻術《げんじゅつ》や魔法《まほう》を使《つか》う戦略《せんりゃく》で、相手《あいて》をだましながら勝《か》ちぬいてきた。今回《こんかい》は、狐《きつね》の幻術《げんじゅつ》を見《み》ぬくことができたフェニックスに軍配《ぐんばい》が上《あ》がった。

知略《ちりゃく》に長《た》けた発明家武人《はつめいかぶじん》 vs.太陽《たいよう》をつかさどる魔術師《まじゅつし》

武神《ぶしん》にして反乱者《はんらんしゃ》

蚩尤《しゆう》

魔獣特攻《まじゅうとっこう》の魔術師《まじゅつし》

バロン

DATA

推定身長《すいていしんちょう》 4 m《メートル》

伝承地域《でんしょうちいき》 中国《ちゅうごく》

スキル 6本《ぽん》のうで、鏡石《かがみいし》の盾《たて》

分類《ぶんるい》 異形《いぎょう》

DATA

推定身長《すいていしんちょう》 3 m《メートル》

伝承地域《でんしょうちいき》 インドネシア バリ島《とう》

スキル 太陽光《たいようこう》ビーム

分類《ぶんるい》 神獣《しんじゅう》

魔獣軍《まじゅうぐん》

武《ぶ》器開発者《きかいはつしゃ》であり、武人《ぶじん》でもあり、さらに戦略《せんりゃく》に長《た》けた軍師《ぐんし》の能力《のうりょく》もあわせ持《も》つ。準決勝《じゅんけっしょう》の相手《あいて》は、知能派《ちのうは》の魔術師《まじゅつし》であるバロンだ。たがいの手《て》を読《よ》み合《あ》うような、見応《みごた》えのある高度《こうど》なバトルが期待《きたい》できる。

戦力分析《せんりょくぶんせき》

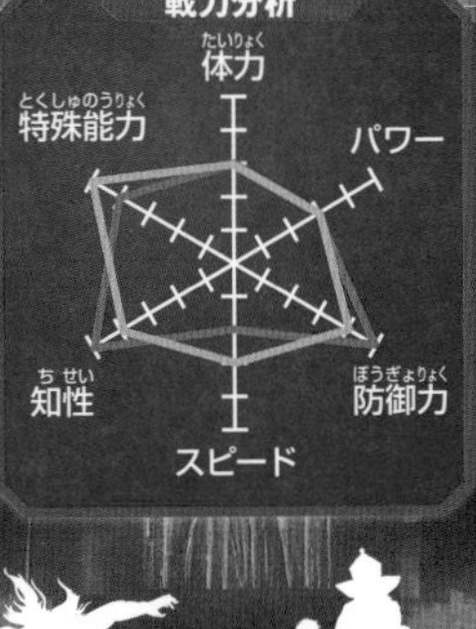

聖獣軍《せいじゅうぐん》

これまでさまざまな強敵《きょうてき》を、太陽《たいよう》の魔術《まじゅつ》で退《しりぞ》けてきた。準決勝《じゅんけっしょう》で戦《たたか》うのは、類《たぐい》まれなる武人《ぶじん》・蚩尤《しゆう》だ。天候《てんこう》を操《あやつ》る超能力《ちょうのうりょく》や6本《ぽん》のうでによる激《はげ》しい攻撃《こうげき》は、破《は》かい力《りょく》ばつぐんだ。どんな相手《あいて》でも、得意《とくい》の魔術《まじゅつ》でたおしに行《い》く。

シーン1 蚩尤《しゆう》の猛攻撃《もうこうげき》が開始《かいし》する

蚩尤《しゆう》は、打撃武器《だげきぶき》をふり回《まわ》し、バロンに魔術《まじゅつ》を使《つか》うすきを作《つく》らせない作戦《さくせん》に出《で》た。バロンは、攻撃《こうげき》をかろうじて歯《は》で受《う》け止《と》める。しかし6本《ほん》のうでによる激《はげ》しい連続攻撃《れんぞくこうげき》で、バロンはふき飛《と》ばされてしまう。

攻撃《こうげき》スキル

6本《ほん》のうで

剣《けん》や矛《ほこ》などの発明家《はつめいか》でもあり、6本《ほん》のうででどんな武《ぶ》器《き》も使《つか》いこなす。

メインフィールド

神殿《しんでん》

シーン2 バロンが太陽光《たいようこう》ビームを発射《はつしゃ》！

神殿《しんでん》の祭《さい》だんという聖《せい》なる場所《ばしょ》で、バロンは増幅《ぞうふく》された太陽《たいよう》の力《ちから》を得《え》る。バロンが、最大出力《さいだいしゅつりょく》の太陽光《たいようこう》ビームを放《はな》つ。

攻撃《こうげき》スキル

太陽光《たいようこう》ビーム

太陽《たいよう》の力《ちから》を得《え》て、強力《きょうりょく》なビームを放《はな》つことができる。

シーン3 蚩尤《しゆう》が盾《たて》で太陽光《たいようこう》をはねかえす

Winner!

勝《しょう》者《しゃ》 魔獣軍《まじゅうぐん》 蚩尤《しゆう》

防《ぼう》ぎょスキル

鏡石《かがみいし》の盾《たて》

自《みずか》らが発明《はつめい》した、聖《せい》なる光《ひかり》の力《ちから》をはね返《かえ》す盾《たて》。

蚩尤《しゆう》は、自《みずか》ら作《つく》った鏡石《かがみいし》の盾《たて》をかまえ、太陽光《たいようこう》ビームを受《う》け止《と》める。最大出力《さいだいしゅつりょく》の太陽光《たいようこう》ビームははね返《かえ》り、一直線《いっちょくせん》にバロンに向《む》かってつき進《すす》み直撃《ちょくげき》した。バロンは、そのまま息絶《いきた》える。

バトル結果《けっか》

蚩尤《しゆう》の猛攻撃《もうこうげき》をたえぬき、反撃《はんげき》に出《で》たバロン。しかし、蚩尤《しゆう》は最後《さいご》までぬかりなく、バロンの魔術《まじゅつ》の力《ちから》を自分《じぶん》の力《ちから》に変《か》えてしまった。

幻獣《げんじゅう》の関係者《かんけいしゃ》たち

神話《しんわ》や伝承《でんしょう》には幻獣《げんじゅう》とともに神《かみ》や英雄《えいゆう》たちが登場《とうじょう》します。その中《なか》でも、特《とく》に幻獣《げんじゅう》と関係《かんけい》が深《ふか》い者《もの》たちをピックアップして紹介《しょうかい》します。

神様《かみさま》

オーディン

戦《いくさ》と死《し》を司《つかさど》る北欧神話《ほくおうしんわ》の主神《しゅしん》。欲深《よくぶか》い性格《せいかく》で、魔術《まじゅつ》の知識《ちしき》が手《て》に入《はい》るミーミルの泉《いずみ》を飲《の》むために、片目《かため》を差《さ》し出《だ》したこともある。ゲリとフレキ（P43）は、オーディンに連《つ》れそう一対《いっつい》のオオカミであり、食事《しょくじ》の必要《ひつよう》がないオーディンは、ワイン以外《いがい》の食物《しょくもつ》をゲリとフレキにあたえて可愛《かわい》がっていた。

1988年《ねん》に描《か》かれたノルウェーの画家《がか》・イェールハルド・ムンテによる挿絵《さしえ》。8本《ぼん》の足《あし》をもつしゅん馬《め》スレイプニルに、オーディンがまたがる。

ヘラ

ギリシャ神話《しんわ》に登場《とうじょう》する女神《めがみ》。オリュンポス山《さん》で暮《く》らす天界《てんかい》の女王《じょおう》であり、不死《ふし》のリンゴ園《えん》の管理者《かんりしゃ》でもある。しっと深《ぶか》い性格《せいかく》のため、浮気者《うわきもの》の夫《おっと》ゼウスやその愛人《あいじん》、その間《あいだ》に生《う》まれた子《こ》どもに激《はげ》しい怒《いか》りをむける。巨人《きょじん》アルゴス（P14）や毒《どく》竜《りゅう》ヒュドラ(P104)などの怪物《かいぶつ》を使役《しえき》し、しっとの対象《たいしょう》をこらしめようとすることもあったのだから恐《おそ》ろしい。

バチカン美術館《びじゅつかん》が所蔵《しょぞう》する像《ぞう》「バルベリーニのヘラ」。

写真：sailko

スサノオノミコト

日本神話《にほんしんわ》に登場《とうじょう》する、イザナギとイザナミの間《あいだ》に生《う》まれた男神《おがみ》である。クシナダヒメを助《たす》けるために、酒《さけ》を用《もち》いて大蛇《だいじゃ》・八岐大蛇《やまたのおろち》（P88）を退治《たいじ》した英雄《えいゆう》たんが有名《ゆうめい》だが、母恋《ははこい》しさに泣《な》いたり、戦《たたか》いに勝《か》った勢《いきお》いで暴《あば》れたりと、人《ひと》らしい感情《かんじょう》を持《も》った神様《かみさま》でもある。

江戸時代末期《えどじだいまっき》の浮世《うきよ》絵師《えし》・歌川国芳作《うたがわくによしさく》のスサノオノミコト。

英雄《えいゆう》

黄帝《こうてい》

社会歴史博物館《しゃかいれきしはくぶつかん》に展示《てんじ》されている黄帝《こうてい》の肖像《しょうぞう》。

中国《ちゅうごく》の神話《しんわ》に登場《とうじょう》する国《くに》を統治《とうち》した最初《さいしょ》の皇帝《こうてい》。文字《もじ》や暦《こよみ》、車《くるま》や船《ふね》を発明《はつめい》し、人《ひと》びとの文明《ぶんめい》を発展《はってん》させた功労者《こうろうしゃ》である。反逆者《はんぎゃくしゃ》である蚩尤《しゆう》（P34）が率《ひき》いる魑魅魍魎軍《ちみもうりょうぐん》に猛獣《もうじゅう》の軍《ぐん》で対抗《たいこう》し、みごと勝利《しょうり》した。

ヘラクレス

ギリシャ神話《しんわ》に登場《とうじょう》する怪力《かいりき》の英雄《えいゆう》。ゼウスと愛人《あいじん》アルクメネとの子《こ》であったがために、ヘラのしっとの対象《たいしょう》となった。そのしっとは激《はげ》しく、狂気《きょうき》をふきこんでヘラクレスを操《あやつ》り、自分《じぶん》の子《こ》どもを殺《ころ》させるほどだ。ヘラクレスは子殺《こごろ》しの罪《つみ》ほろぼしとして10年《ねん》かけて怪物退治《かいぶつたいじ》を行《おこな》うこととなる。その様子《ようす》は、「ヘラクレスの12の試練《しれん》」として知《し》られ、ヒュドラ (P104) やケルベロス (P14) などとも対決《たいけつ》している。

ヒュドラと戦《たたか》うヘラクレス。

写真：Ryunpos

ギルガメッシュ

メソポタミア神話《しんわ》に登場《とうじょう》する世界最高《せかいさいこう》の英雄《えいゆう》にして王《おう》。もともとは神《かみ》にささげられた生《い》けにえの子《こ》どもだったのだが、神々《かみがみ》に気《き》に入《い》られ、半神半人《はんしんはんじん》の体《からだ》となった。武勇《ぶゆう》に優《すぐ》れており、親友《しんゆう》エンキドゥと共《とも》に森《もり》の杉《すぎ》の木《き》を切《き》るのを邪魔《じゃま》するフンババ (P40) を退治《たいじ》した。

紀元前《きげんぜん》713-706年頃《ねんごろ》に作《つく》られた、ライオンを捕《ほ》かくするギルガメッシュのレリーフ。

特別《とくべつ》な存在《そんざい》

エキドナ

ギリシャ神話《しんわ》に登場《とうじょう》する女《おんな》の怪物《かいぶつ》。上半身《じょうはんしん》は美《うつく》しい女性《じょせい》で、下半身《かはんしん》には蛇《へび》の尾《お》を持《も》つ。数多《かずおお》くの怪物《かいぶつ》を産《う》んでおり、ケルベロス (P14)、ヒュドラ (P104)、キマイラの母《はは》でもある。旅人《たびびと》や家《か》ちくをおそって食《た》べるため、アルゴス(P14) によって退治《たいじ》された。

1555年《ねん》に作《つく》られた彫刻家《ちょうこくか》ピッロ・リゴーリオによるエキドナの像《ぞう》。

ガブリエル

人間《にんげん》に神《かみ》の啓示《けいじ》を伝《つた》えに地上《ちじょう》に現《あらわ》れる熾天使《してんし》。イスラム教《きょう》では預言者《よげんしゃ》ムハンマドに神《かみ》の言葉《ことば》を伝《つた》えたとされる重要《じゅうよう》な存在《そんざい》だ。ムハンマドが聖《せい》地《ち》エルサレムへ行《い》くとき、乗騎《じょうき》としてブラーク (P17) を与《あた》えたのも彼《かれ》である。

ムハンマドに天啓《てんけい》を与《あた》える熾天使《してんし》ガブリエル。14世紀《せいき》に作《つく》られたラシードゥッディーン編《へん》『集史《しゅうし》』より。

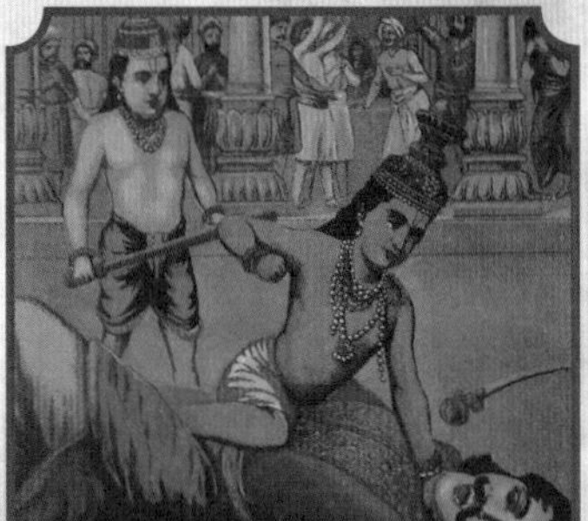

カンサ

インド神話《しんわ》に登場《とうじょう》する悪《あ》しき王《おう》で悪象《あくぞう》クヴァラヤーピーダ (P29) の主人《しゅじん》。人間《にんげん》とアスラ族《ぞく》（神々《かみがみ》を超《こ》える力《ちから》を持《も》つ）の間《あいだ》に生《う》まれた子《こ》でありながら、人間界《にんげんかい》の王《おう》の子《こ》として育《そだ》ち、父《ちち》をたおして王国《おうこく》を統治《とうじ》した。アスラ族《ぞく》と手《て》を組《く》み、神《かみ》に反逆《はんぎゃく》する悪政《あくせい》を行《おこな》ったため、クリシュナ（ヴィシュヌの化身《けしん》）(P100) によって退治《たいじ》された。

クリシュナが悪王《あくおう》カンサをたおす場面《ばめん》を描《えが》いた、1910年頃《ねんごろ》の作品《さくひん》。

Battle《バトル》 39

決勝《けっしょう》

炎《ほのお》をあやつる聖《せい》なる鳥《とり》 VS.闇《やみ》に落《お》ちた魔《ま》の武神《ぶしん》

再生《さいせい》をくり返《かえ》す火《ひ》の鳥《とり》 フェニックス

DATA

推定身長《すいていしんちょう》 8m《メートル》
伝承地域《でんしょうちいき》 エジプト
スキル 火炎《かえん》せん風《ぷう》、不死《ふし》の鳥《とり》
分類《ぶんるい》 怪物《かいぶつ》

武神《ぶしん》にして反乱者《はんらんしゃ》 蚩尤《しゆう》

DATA

推定身長《すいていしんちょう》 4m《メートル》
伝承地域《でんしょうちいき》 中国《ちゅうごく》
スキル 超能力《ちょうのうりょく》、6本《ぼん》のうで、召喚《しょうかん》
分類《ぶんるい》 異形《いぎょう》

聖獣軍《せいじゅうぐん》

強敵《きょうてき》ぞろいの幻獣《げんじゅう》たちを、相《あい》手《て》の急所《きゅうしょ》をねらった炎《ほのお》の特《とっ》攻《こう》や、回復《かいふく》の特《とく》しゅ能力《のうりょく》によって打《う》ち破《やぶ》り、見事《みごと》決勝《けっしょう》に進出《しんしゅつ》した。決勝《けっしょう》の相手《あいて》は、武器《ぶき》を創造《そうぞう》し、6本《ぼん》のうでをたくみに使《つか》いこなす武神《ぶしん》・蚩尤《しゆう》だ。熱《あつ》き炎《ほのお》の力《ちから》で、幻獣《げんじゅう》の頂点《ちょうてん》を目指《めざ》す。

戦力分析《せんりょくぶんせき》

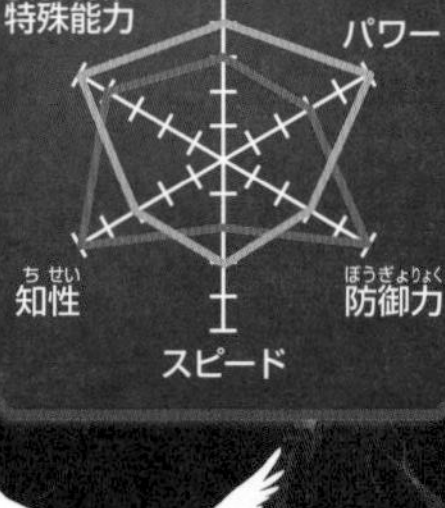

魔獣軍《まじゅうぐん》

さまざまな能力《のうりょく》を持《も》つ幻獣《げんじゅう》を、冷静《れいせい》な判断力《はんだんりょく》と多彩《たさい》な武器《ぶき》を使《つか》った戦法《せんぽう》により攻略《こうりゃく》してきた。決勝《けっしょう》の相手《あいて》フェニックスは、炎《ほのお》を自在《じざい》に操《あやつ》り、再生能《さいせいのう》力《りょく》を持《も》つ強敵《きょうてき》だ。極限《きょくげん》まで研《と》ぎすまされた武力《ぶりょく》で、闇《やみ》に落《お》ちてなお、夢《ゆめ》に見《み》た天下《てんか》をつかみとろうとする。

シーン1 フェニックスのせん風《ぷう》が雲《くも》を晴《は》らす

メインフィールド
火山《かざん》

攻撃《こうげき》スキル

火炎《かえん》せん風《ぷう》

翼《つばさ》で風《かぜ》を巻《ま》き起《お》こしながら、身《み》にまとう炎《ほのお》で敵《てき》を攻撃《こうげき》する。

特《とく》しゅスキル

超能力《ちょうのうりょく》

天気《てんき》を変《か》えたり、飛《と》んできた火球《かきゅう》を止《と》めたり、さまざまなことができる。

蚩尤《しゆう》は、フェニックスの炎《ほのお》を弱《よわ》めるため、超能力《ちょうのうりょく》で天候《てんこう》を操作《そうさ》して雨《あめ》を降《ふ》らせる。しかしフェニックスが上空《じょうくう》に舞《ま》い上《あ》がり、大《おお》きな翼《つばさ》でせん風《ぷう》を起《お》こすと、みるみる雨雲《あまぐも》は流《なが》れ、空《そら》は晴《は》れわたっていく。

攻撃《こうげき》スキル

6本《ぼん》のうで

剣《けん》や矛《ほこ》などの発明家《はつめいか》でもあり、6本《ぼん》のうででどんな武《ぶ》器《き》も使《つか》いこなす。

シーン2 フェニックスの首《くび》が落《お》とされる

蚩尤《しゆう》はすかさず、6本《ぼん》のうでに持《も》った武器《ぶき》で、ざん撃《げき》をくり出《だ》す。戦斧《せんぷ》が、フェニックスの首《くび》を打《う》ち落《お》とす。

ひん死《し》のフェニックスは、再生《さいせい》のために火山《かざん》の火口《かこう》に向《む》かう。蚩《し》尤《ゆう》は、手下《てした》の魑《ち》魅《み》魍魎《もうりょう》の軍団《ぐんだん》を呼《よ》び寄《よ》せ、追撃《ついげき》を命令《めいれい》する。

シーン3 蚩尤《しゆう》が魑《ち》魅《み》魍魎《もうりょう》を呼《よ》び寄《よ》せる

フェニックスが、火口《かこう》にたどりつき、溶《よう》岩流《がんりゅう》に飛《と》びこもうとする。しかし、それより早《はや》く、蚩尤《しゆう》の投《な》げたヤリがフェニックスをつらぬく。ぐったりしたままフェニックスは火口《かこう》に落《お》ちる。

特《とく》しゅスキル

召喚《しょうかん》

魑《ち》魅《み》魍魎《もうりょう》からなる闇《やみ》の軍団《ぐんだん》を呼《よ》び、軍師《ぐんし》として指揮《しき》をとる。

シーン4 フェニックス、火口《かこう》に飛《と》びこむ…

回復《かいふく》スキル

不死《ふし》の鳥《とり》

炎《ほのお》に焼《や》かれることで、全盛《ぜんせい》期《き》の年齢《ねんれい》まで若返《わかがえ》るため、復活前《ふっかつまえ》よりもパワーも増《ま》す。

Winner!

勝者《しょうしゃ》 聖獣軍《せいじゅうぐん》 フェニックス

5 フェニックス、勢《いきお》いよく天《てん》にのぼる

火口《かこう》から、再生《さいせい》したフェニックスが飛《と》び立《た》ち、地面《じめん》ギリギリの低空飛行《ていくうひこう》で相手《あいて》に向《む》かって行《い》く。鏡石《かがみいし》の盾《たて》を構《かま》える蚩尤《しゆう》だが、炎《ほのお》のヤリとなったフェニックスは、盾《たて》を破壊《はかい》し、腹《はら》をつらぬき天空《てんくう》へのぼっていく。

バトル結果《けっか》

蚩尤《しゆう》は、持《も》てる力《ちから》を総動員《そうどういん》し、フェニックスの首《くび》を打《う》ち落《お》とし、勝負《しょうぶ》がついたかに思《おも》われた。しかし、フェニックスは最後《さいご》の最後《さいご》で、溶岩流《ようがんりゅう》に飛《と》びこむことで再生《さいせい》＆パワーアップに成功《せいこう》し、蚩尤《しゆう》をたおした。ぎりぎりの攻防《こうぼう》を制《せい》して、フェニックスが栄冠《えいかん》を手《て》にした。

闘《たたか》いを終《お》えて、“幻獣《げんじゅう》バトル”をふり返《かえ》る

バトル結果発表《けっかはっぴょう》

トーナメント方式《ほうしき》による聖獣軍《せいじゅうぐん》VS魔獣《まじゅう》軍《ぐん》のバトルは、聖獣軍《せいじゅうぐん》のフェニックスの優勝《ゆうしょう》に終《お》わった。今回《こんかい》、優勝幻獣《ゆうしょうげんじゅう》であるフェニックスの戦歴《せんれき》や、バトル全体《ぜんたい》をふり返《かえ》ってみたい。

優勝《ゆうしょう》　フェニックス
聖獣軍《せいじゅうぐん》

準優勝《じゅんゆうしょう》　蚩尤《しゆう》
魔獣軍《まじゅうぐん》

3位　九尾《きゅうび》の狐《きつね》
魔獣軍《まじゅうぐん》

3位　バロン
聖獣軍《せいじゅうぐん》

個人戦《こじんせん》を制《せい》したのは、不死鳥《ふしちょう》・フェニックス！

死《し》んでも炎《ほのお》に焼《や》かれることで、再生《さいせい》・復活《ふっかつ》できるフェニックス。ただし、不死《ふし》の能力《のうりょく》をもってしても必《かなら》ず勝《か》てるわけではなく、炎《ほのお》がない場所《ばしょ》で重傷《じゅうしょう》を負《お》えば仮死状態《かしじょうたい》となり、戦闘不能《せんとうふのう》におちいってしまう。

雪山《ゆきやま》というフィールドにより復活能力《ふっかつのうりょく》を封《ふう》じられた獬豸戦《かいちせん》では、ダメージを受《う》けて追《お》い込《こ》まれるが、闇《やみ》を払《はら》う「黄金《おうごん》のひとみ」の能力《のうりょく》によってあざやかな逆転勝利《ぎゃくてんしょうり》をおさめた。

決勝戦《けっしょうせん》では、蚩尤《しゆう》に首《くび》を切《き》られ、ひん死《し》の状態《じょうたい》となる。しかし最後《さいご》まであきらめず、火山《かざん》のマグマで復活《ふっかつ》しながら「炎《ほのお》のヤリ」の一撃《いちげき》で相手《あいて》をつらぬく、生命力《せいめいりょく》あふれるパワフルな戦《たたか》いをみせてくれた。

チーム勝利数《しょうりすう》も聖獣軍《せいじゅうぐん》が優勢《ゆうせい》！

回戦《かいせん》	聖獣《せいじゅう》	魔獣《まじゅう》
合計勝利数《ごうけいしょうりすう》	22勝《しょう》	17勝《しょう》

魔術《まじゅつ》のスペシャリストのバロン、しゅん足《そく》をほこるブラーク、巨人《きょじん》アルゴスなど、清《きよ》らかな心《こころ》と個性的《こせいてき》な能力《のうりょく》を持《も》つ実力者《じつりょくしゃ》を集《あつ》めた聖獣軍《せいじゅうぐん》。全《ぜん》39戦《せん》のうち22戦《せん》を勝《か》ち取《と》る快挙《かいきょ》を成《な》しとげ、合計勝利数《ごうけいしょうりすう》でも相手《あいて》を上回《うわまわ》った。一方《いっぽう》、魔獣軍《まじゅうぐん》も戦神《せんしん》・蚩尤《しゆう》の知略的《ちりゃくてき》な戦《たたか》いや、九尾《きゅうび》の狐《きつね》の相手《あいて》の裏《うら》をかく妖術《ようじゅつ》、風《かぜ》の邪神《じゃしん》・イタカによる不気味《ぶきみ》な霧《きり》の魔術《まじゅつ》など、魔獣《まじゅう》らしいおどろおどろしい力《ちから》をみせつけ、17勝《しょう》と健闘《けんとう》した。

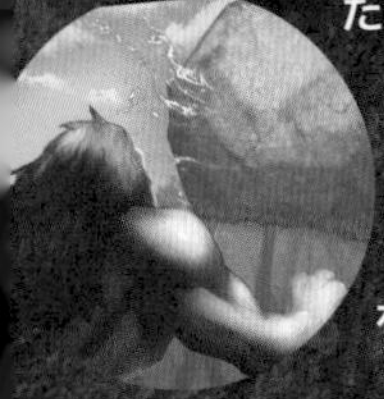

聖《せい》・魔《ま》の対立《たいりつ》は光《ひかり》と影《かげ》のようなもの

聖獣軍《せいじゅうぐん》の優勝《ゆうしょう》におわった幻獣《げんじゅう》バトルだが、聖獣《せいじゅう》のなかにはバロンのように、あまりに強《つよ》い魔獣《まじゅう》であったため、他《ほか》の魔獣《まじゅう》を退《しりぞ》ける魔除《まよ》けの獣《けもの》として人《ひと》びとにまつられ、聖獣《せいじゅう》に転身《てんしん》したものも多《おお》く存在《そんざい》する。また、アンズーのように、かつて聖獣《せいじゅう》であったものが悪《わる》さを働《はたら》き、魔獣《まじゅう》に転身《てんしん》した物語《ものがたり》が残《のこ》されている場合《ばあい》もある。

このように、聖《せい》と魔《ま》の線引《せんび》きは時代《じだい》によって流動《りゅうどう》しており、いちがいにどちらが強《つよ》いとは言《い》い切《き》れない。人間《にんげん》のとらえ方《かた》しだいで、幻《まぼろし》のように姿《すがた》や本質《ほんしつ》を変《か》えるのが、幻獣《げんじゅう》の魅力《みりょく》の一《ひと》つなのかもしれない。

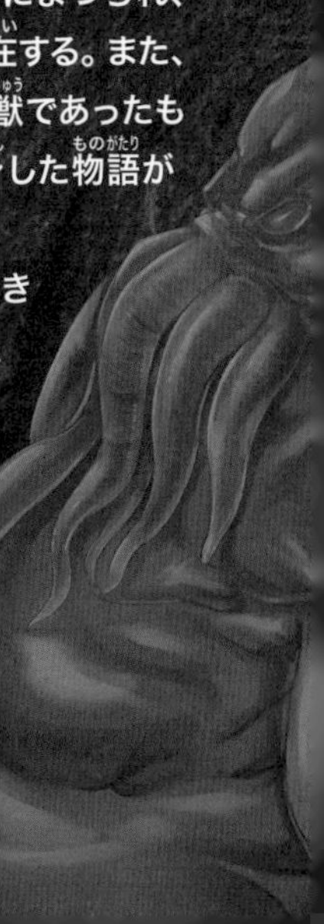

世界《せかい》各地《かくち》の幻獣《げんじゅう》

今回《こんかい》のバトルに参加《さんか》しませんでしたが、世界《せかい》にはまだまだたくさんの幻獣《げんじゅう》がいます。その中《なか》からヴィジュアルに特《とく》ちょうのあるいくつかの幻獣《げんじゅう》たちを紹介《しょうかい》します。

日本《にほん》を代表《だいひょう》する妖怪《ようかい》

天狗《てんぐ》

日本《にほん》に伝《つた》わる妖怪《ようかい》で、顔《かお》が真《ま》っ赤《か》で鼻《はな》が高《たか》く、背中《せなか》の翼《つばさ》で空《そら》を飛《と》ぶ。いたずらに子《こ》どもをさらうため、神隠《かみかく》しの原因《げんいん》とも言《い》われている。連《つ》れ去《さ》った子《こ》どもには優《やさ》しく、共《とも》に日本各《にほんかく》地《ち》や異界《いかい》を旅《たび》して回《まわ》り、様々《さまざま》な知恵《ちえ》を授《さず》ける。

死者《ししゃ》を運《はこ》ぶ黒《くろ》いドラゴン

ニーズヘッグ

北欧神話《ほくおうしんわ》に登場《とうじょう》する黒《くろ》いドラゴン。泉《いずみ》に生《せい》息《そく》し、ユグドラシルという世界《せかい》を支《ささ》える大樹《たいじゅ》の根《ね》をかじって木《き》を枯《か》らそうとしている。世《せ》界《かい》が終末《しゅうまつ》をむかえても生《い》き残《のこ》り、死者《ししゃ》を背中《せなか》に乗《の》せて運《はこ》ぶとされている。

蛇《へび》のような姿《すがた》の四《よ》つ足動物《あしどうぶつ》

モケーレ・ムベンベ

コンゴ共和国《きょうわこく》のテレ湖《こ》などで目撃《もくげき》されている、蛇《へび》のように長《なが》い首《くび》と尻尾《しっぽ》が特《とく》ちょうの四《よ》つ足《あし》のUMA《ユーマ》。川《かわ》や湖《みずうみ》にすんでおり体《からだ》も大《おお》きいため、名前《なまえ》には「川《かわ》の流《なが》れを邪《じゃ》魔《ま》するもの」という意味《いみ》がある。

3つの頭《あたま》を持《も》つドラゴン

アジ・ダハーカ

ゾロアスター教《きょう》の悪神《あくしん》・アンラ・マンユによって生《う》みだされたドラゴン。硬《かた》いウロコにおおわれた体《からだ》に、炎《ほのお》や毒《どく》を吐《は》く３つの頭《あたま》を持《も》っている。破壊活動《はかいかつどう》を使命《しめい》とし、千《せん》の魔法《まほう》を使《つか》って地上《ちじょう》を暴《あば》れ回《まわ》る。

群《む》れで動《うご》く顔《かお》なしコウモリ

ナイトゴーント

クトゥルフ神話《しんわ》に登場《とうじょう》するコウモリの翼《つばさ》をもつ怪物《かいぶつ》で、目《め》・鼻《はな》・口《くち》が存在《そんざい》しない凹凸《おうとつ》のない顔《かお》をし、言葉《ことば》を発《はっ》しない。群《む》れで活動《かつどう》し、領地《りょうち》に侵入《しんにゅう》する人間《にんげん》を集団《しゅうだん》でさらって追《お》い出《だ》そうとする。抵抗《ていこう》されるとトゲのある尻尾《しっぽ》でくすぐり、さらに抵抗《ていこう》が激《はげ》しいと谷底《たにぞこ》に突《つ》き落《お》とす。

炎《ほのお》をはく魔《ま》の猟犬《りょうけん》

ブラックドッグ

イギリス全土《ぜんど》で目撃《もくげき》される、煙《けむり》のように現《あらわ》れては消《き》える魔《ま》の猟犬《りょうけん》。真《ま》っ赤《か》な目《め》で見《み》つめることで、相手《あいて》の生命力《せいめいりょく》を奪《うば》うとされている。口《くち》からはく炎《ほのお》からは、硫黄《いおう》のような独特《どくとく》のくさいにおいがする。

おわりに

新《あら》たな幻獣《げんじゅう》バトルを、自分《じぶん》で想像《そうぞう》してみよう！

　神《かみ》と悪魔《あくま》の代理戦争《だいりせんそう》という形《かたち》で、聖獣《せいじゅう》と魔獣《まじゅう》による夢《ゆめ》のバトルが実現《じつげん》しました。神《かみ》にも悪魔《あくま》にも予想不可能《よそうふかのう》な、白《はく》熱《ねつ》したバトルがくり広《ひろ》げられ、ついに決着《けっちゃく》がつきました。

　今回《こんかい》のバトルで優勝《ゆうしょう》したのは聖獣軍《せいじゅうぐん》ですが、魔獣《まじゅう》より聖《せい》獣《じゅう》のほうが圧《あっ》とう的《てき》に強《つよ》いというわけではなく、紙一重《かみひとえ》の戦《たたか》いでした。勝負《しょうぶ》の結果《けっか》はフィールド・幻獣同士《げんじゅうどうし》の相性《あいしょう》・作《さく》戦《せん》・運《うん》など、さまざまな要素《ようそ》に左右《さゆう》されます。体《からだ》の大《おお》きい者《もの》が相手《あいて》を圧《あっ》とうすることもあれば、力《ちから》の弱《よわ》い者《もの》が優《すぐ》れた作戦《さくせん》をたてて相手《あいて》の裏《うら》をかくこともあります。戦《たたか》いのなかで相手《あいて》の戦術《せんじゅつ》を学《まな》び、より強《つよ》くなった幻獣《げんじゅう》もいることでしょう。

　バトルの結末《けつまつ》は、あくまでひとつの結果《けっか》であり、もう一《いち》度《ど》、同《おな》じ聖獣《せいじゅう》と魔獣《まじゅう》が戦《たたか》ったとしても、どちらが勝《か》つのかは誰《だれ》にもわかりません。勝《か》った者同士《ものどうし》が順次対戦《じゅんじたいせん》するトーナメントバトルは、誰《だれ》が勝《か》ち進《すす》むかによって、その後《ご》の対戦《たいせん》

カードが変《か》わってくるのが面白《おもしろ》いところです。小《ちい》さな展開《てんかい》の違《ちが》いが影響《えいきょう》して、優勝《ゆうしょう》する幻獣《げんじゅう》が変《か》わる事《こと》も十分《じゅうぶん》にありえます。ぜひみなさんも、いろいろな条件《じょうけん》で戦《たたか》う幻獣《げんじゅう》たちの勝負《しょうぶ》の行方《ゆくえ》を想像《そうぞう》してみてください。

　また、今回《こんかい》バトルに参加《さんか》した幻獣《げんじゅう》の能力《のうりょく》は、彼《かれ》らのほんの一面《いちめん》にすぎません。幻獣《げんじゅう》に関《かん》する神話《しんわ》や伝承《でんしょう》は世界各地《せかいかくち》にたくさん残《のこ》されていて、由来《ゆらい》や能力《のうりょく》に諸説《しょせつ》ある幻獣《げんじゅう》がほとんどです。研究《けんきゅう》が進《すす》み、未知《みち》の時代《じだい》の歴史《れきし》が明《あき》らかになれば、幻獣《げんじゅう》の新《あら》たな能力《のうりょく》が発見《はっけん》されることもあるかもしれません。この幻獣《げんじゅう》であれば、こんな技《わざ》をくり出《だ》すこともできるかもしれない、とあれこれ想像《そうぞう》してみるのもよいでしょう。幻獣《げんじゅう》とは、まさに人《ひと》の想像《そうぞう》や夢《ゆめ》の産物《さんぶつ》なのですから。本書《ほんしょ》をきっかけにして、魅力《みりょく》あふれる幻獣《げんじゅう》たちに少《すこ》しでも興味《きょうみ》を持《も》っていただけたら幸《さいわ》いです。

糸海《しかい》みん

著者

糸海みん（しかいみん）

1995年生まれ。愛知淑徳大学卒。ゲームソフトメーカー雄プロダクションの開発ディレクター兼シナリオライター。ホラーやミステリーなどの作風を得意とすると同時に、多くの神話や妖怪伝承などにも精通する。参加作品はADV『災難探偵サイガ 名状できない怪事件』（販売：株式会社ディッジ）など多数。書籍では本書が本格的な著者デビューとなる。

参考文献

『幻獣辞典』著：ホルへ・ルイス ボルヘス(河出文庫)
『ラルース ギリシア・ローマ神話大事典』著：ジャン=クロード・ベルフィオール(大修館書店)
『ふしぎな姿にびっくり! 伝説の生き物大図鑑 世界の神獣・怪物大集合』監修：近藤雅樹(PHP研究所)
『幻想世界の住人たち 1～4』著：健部伸明、怪兵隊（新紀元社）
『幻想世界　幻獣事典』著：幻想世界を歩む会(笠倉出版社)
『中国の神獣・悪鬼たち　山海経の世界』著：伊藤清司(東方書店)
『南米妖怪図鑑』著：ホセ・サナルディ(ロクリン社)
『図説マヤ・アステカ神話宗教事典』著：武井 摩利(東洋書林)
『ロシアの神話』編：フェリックス ギラン（青土社）
『妖怪台湾：三百年島嶼奇幻志·妖鬼神遊巻』著：何敬尭、張季雅(聯経出版事業公司)
『北欧の神話』著：山室静　（ちくま学芸文庫）
『イスラム幻想世界 怪物・英雄・魔術の物語』著：桂令夫（新紀元文庫）
『インド神話』編訳：沖田瑞穂　（岩波少年文庫）
『モンスター退治 魔物を倒した英雄たち』著：司史生、伊豆平成(新紀元文庫)
『一角獣』著：リュディガー・ロベルト ベーア　（河出書房新社）
『日本ミステリアス 妖怪・怪奇・妖人事典』著：志村有弘(勉誠出版)
『「魔」の世界』著：那谷敏郎(新潮社)
『未知なるカダスを夢に求めて　新訳クトゥルー神話コレクション 4』著：H.P. ラヴクラフト（星海社 e-FICTIONS）
『クトゥルー〈12〉（暗黒神話大系シリーズ）』著：H.P. ラヴクラフト（青心社）
『エンサイクロペディア・クトゥルフ』著：ダニエル ハームズ（新紀元社）
『幻想動物事典』著：草野 巧（新紀元社）
※その他、多くの書籍やWebサイトを参考にさせていただいております。

STAFF

イラスト　おおぐろてん／健康肉類／延々えいかさん／水無瀬めい／神原めぐみ／Jitari／ナカニシイクシ／黒田文隆
装丁・本文デザイン　髙垣智彦（かわうそ部長）
協力　株式会社ラポール イラストエージェント事業部
編集協力　高橋淳二／野口武（JET）

いちばん強いヤツはだれだ！？
魔獣 vs 聖獣〈幻獣王〉超バトル図鑑

2023年 5月10日 第1刷発行
2023年10月10日 第2刷発行

著　者　糸海みん
発行者　永岡純一
発行所　株式会社永岡書店
〒176-8518
東京都練馬区豊玉上1-7-14
電　話　03-3992-5155（代表）
03-3992-7191（編集）

DTP　編集室クルー
印 刷　精文堂印刷
製 本　ヤマナカ製本

ISBN978-4-522-44071-1 C8045